世界遺産シリーズ

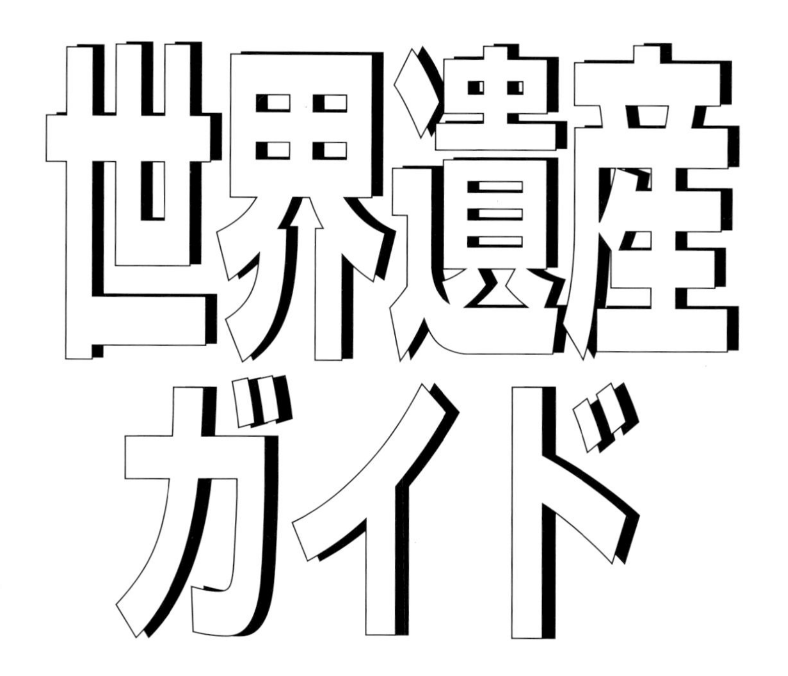

―メキシコ編―

【目　次】

○ 自然遺産　● 文化遺産　◎ 複合遺産
回 世界無形文化遺産　◇ 世界の記憶

【表紙写真】

（表）	
❶	❷
❸	❹
❺	❻

（裏）

❼

❶テキーラ（地方）のリュウゼツランの景観と古代産業設備（文化遺産）
❷カンペチェ州、カラクムルの古代マヤ都市と熱帯林保護区（複合遺産）
❸オオカバマダラ蝶の生物圏保護区（自然遺産）
❹カリフォルニア湾の諸島と保護地域（自然遺産）
❺トラコタルパンの歴史的建造物地域（文化遺産）
❻メキシコ国立自治大学（UNAM）の中央大学都市キャンパス（文化遺産）
❼テオティワカン古代都市（文化遺産）

はじめに

メキシコ合衆国(通称メキシコ　スペイン語ではメヒコ)は、面積が約196万平方キロメートルで、日本の約5倍、人口は約1億2,701万人で、日本と同じくらいである。

首都は、メキシコシティ、民族は、欧州系(スペイン系等)と先住民の混血(60%)、先住民(30%)、欧州系(スペイン系等)(9%)、その他(1%)、言語は、スペイン語、宗教は、カトリック(国民の約9割)である。

メキシコは、北アメリカ大陸の南部に位置する連邦共和制国家で、北にアメリカ合衆国と、南東にグアテマラ、ベリーズと国境を接し、西は太平洋、東はメキシコ湾とカリブ海に面する。

全土の3分の1は東西のシエラマドレ山脈に挟まれた平均高度1700mのメキシコ高原で、横断火山帯が走り地震も多い。標高5000mを超える火山も珍しくなく、メキシコ最高峰のピコ・デ・オリサバ山(シトラルテペトル山)(5689m)、ポポカデペトル山(5465m)、イヒタキウアトル山(5286m)、シシュタシワトル山(5230m)などが連なる。

最長の河川は、アメリカ合衆国との国境を流れるリオ・ブラボ・デル・ノルテ川(リオ・グランデ川)であり、3057kmのうち2100kmが両国の国境を流れる。最大の湖はチャパラ湖(1680平方km)。

平野は、リオ・ブラボ・デル・ノルテ川下流部とユカタン半島にみられる程度。太平洋岸にはカリフォルニア湾をはさみ低平な高原状のカリフォルニア半島が本土に並行して伸びている。

現在のメキシコに相当する地域には、2万年以上前に人類が進出し高度な文明を築いた。しかし、16世紀にスペインが進出してくると植民地化され、厳しい収奪が行われた。18世紀末にヨーロッパで革命が相次ぐと、メキシコでもメキシコ独立革命がおこり独立を果たした。その後、帝政、連邦共和政、対外戦争、ディアスの独裁など動乱を経て、1910年から1918年まで続いたメキシコ革命の動乱により近代的国家を実現した。

日本とメキシコとの関係は、1613年10月に支倉常長の慶長遣欧使節団がメキシコ(当時スペイン領)との直接交易関係の樹立を目指して仙台を出帆し、1614年1月にアカプルコの港に到着してから400周年に当たることから，2013年及び14年を「日メキシコ交流年」と位置づけ、日墨両国で記念行事が行われた。

さて、本論に入るが、メキシコは、1984年2月23日に世界では78番目に世界遺産条約を締約、2016年8月現在、メキシコの世界遺産の数は34で、インドに次いで世界第7位である。

自然遺産は、「カリフォルニア湾の諸島と保護地域」など5物件、文化遺産は、「テオティワカン古代都市」、「古都グアナファトと近隣の鉱山群」、「テキーラ(地方)のリュウゼツランの景観と古代産業設備」、「メキシコ国立自治大学(UNAM)の中央大学都市キャンパス」、「ルイス・バラガン邸と仕事場」など27物件、複合遺産は、「カンペチェ州、カラクムルの古代マヤ都市と熱帯林保護区」の1物件、これらのうち、「危機にさらされている世界遺産」(以下　危機遺産)は、まだ無いが、世界遺産地を取り巻く環境は、観光客の増加に伴う観光圧力などで、いつも脅威や危険にさらされている。

メキシコ最初の世界遺産は、1987年に登録された自然遺産の「シアン・カアン」、文化遺産の「メキシコシティーの歴史地区とソチミルコ」、「オアハカの歴史地区とモンテ・アルバンの考古学遺跡」、「プエブラの歴史地区」、「パレンケ古代都市と国立公園」、「テオティワカン古代都市」の6物件である。

世界遺産暫定リストには、「テワカン・クイカトラン生物圏保護区」、「チャプルテペックの森、丘陵と城郭」など23物件が記載されている。

メキシコは、世界遺産委員会の委員を1985～1991年、1991～1997年、1997～2003年、2009～2013年の4回務めている。

また、1996年の第20回世界遺産委員会は、メリダ市のフィエスタ・アメリカーナ・メリダで開催された。この委員会で、日本の「厳島神社」と「広島の平和記念碑＜原爆ドーム＞」の2物件が登録されている。

メキシコ国内の自然保護行政は、環境・自然・資源省(SEMARNAT)が、管理は、国家自然保護区委員会(CONANP)が、文化財保護行政は、文化省が、管理は、国立人類学・歴史学研究所(INAH)が担当している。

世界無形文化遺産については、メキシコは、2005年12月に無形文化遺産保護条約を批准、代表リストには、「死者に捧げる土着の祭礼」、「ボラドーレスの儀式」、「伝統的なメキシコ料理－真正、伝来、進化するコミュニティ文化、ミチョアカンのパラダイム」、「メキシコのティンバー・フレーム工法のスクライビングの伝統」、「マリアッチ、弦楽器音楽、歌、トランペット」などの7件が登録され、ベストプラクティスには、「タクサガッケト　マクカットラワナ：メキシコの先住民族芸術センターとベラクルス州のトトナック族の無形文化遺産保護への貢献」が選定されている。

世界の記憶については、メキシコ国立自治大学フィルム・アーカイヴの「忘れられた人々」、プエブラの「パラフォクシアナ図書館」など12件が登録されている。

本書、「世界遺産ガイドーメキシコ編ー」では、2016年4月のメキシコ取材を基に、世界遺産の数が世界第7位であるメキシコを取り上げた。メキシコの概観、世界遺産(自然遺産、文化遺産、複合遺産)、それに世界遺産暫定リスト記載物件に加えて、世界無形文化遺産、世界の記憶などユネスコ遺産の全般を網羅した。

本書の作成にあたり、Mexico Tourism BoardのMs.Laure Cruz氏、並びにメキシコ観光局の志田朝美、Ms.Patriciaの両氏には、写真提供等にご協力いただきましたことを感謝申し上げます。

古田陽久

メキシコの概要

メキシコの世界遺産テオティワカンの近くにて

国連加盟	1945年
ユネスコ加盟	1946年
世界遺産条約締約	1984年

メキシコ合衆国　United Mexican States

独立年月日　1821年（スペインから独立）

国歌　メヒカーノス・アル・グリート・デ・ゲラ

国名の由来　アステカの言語で、「メシトリ（アステカ族の守護神）の地」の意味。

国旗の意味　緑・白・赤の三色旗。緑は「独立」、白は「カトリック」、赤は「メキシコ人とスペイン人の統一」を表す。中央にはアステカ人の神話に基づくヘビをくわえたワシがサボテンの上にとまっている図が描かれている。

国花　ダリア　　**国鳥**　カラカラ

面積　196万平方キロメートル（日本の約5倍）

人口　約1億2,701万人（2015年国連）

首都　メキシコシティ（人口　市域 892万人　2015年）

民族　欧州系（スペイン系等）と先住民の混血（60%）、先住民（30%）、欧州系（スペイン系等）（9%）、その他

言語　スペイン語

宗教　カトリック（国民の約9割）

通貨　ペソ

略史

紀元前3000年頃～　マヤ文明興る。
紀元前1300年頃　オルメカ文明が興る。
250～300年頃～　マヤ文明全盛を迎える。
1519年　エルナン・コルテスの率いるスペイン人が侵入
1521年　首都テノチティトラン（現在のメキシコシティ）が陥落、以後300年スペインの植民地に。
1810年　メキシコ独立運動の開始
1821年　スペインより独立
1833年　サンタアナ大統領就任。（～1855年。場当たり的政策で国内混乱をきたす）
1836年　テキサスの分離独立運動。
1846年　米墨戦争勃発。
1848年　グアダルーペ・イダルゴ条約（テキサス、カリフォルニア、ニューメキシコ、アリゾナなど国土の半分近くを米国に割譲）
1855年　サンタアナ大統領、国外追放。（「アユトラ宣言」改革（レフォルマ）の時代へ）
1855年　フアレス法制定。
1857年　憲法制定されるも、内戦続く。
1861年　ベニート・フアレス大統領就任。（～1872年。教育の振興、製造業の奨励など近代化促進）
1876年　ポルフィリオ・ディアス大統領就任。（～1911年。経済的に目覚ましい発展を遂げるが、外国資本など特権階級の優遇による独裁的政策で反発を招く）
1910年　メキシコ革命勃発
1917年　現行憲法公布
1934年　ラサロ・カルデナス大統領就任。（～1940年。農地改革の強化、対外的に強硬策）
1938年　石油産業の国有化
1970年代　高度成長の時代（豊富な石油資源のもとに工業化推進）
1982年　債務危機発生
1984年　世界遺産条約締約
1986年　GATT加盟
1993年　APEC参加
1994年　北米自由貿易協定（NAFTA）発効、OECD加盟、通貨危機発生

1996年　第20回世界遺産委員会メリダ会議
2000年　ビセンテ・フォックス大統領就任。(71年続いた制度的革命党(PRI)政権の終焉)
2005年　無形文化遺産保護条約を批准
2006年　カルデロン大統領就任（第65代大統領）
2012年　ペニャ・ニエト大統領就任（第66代大統領）（PRIが政権に復帰）

政体　立憲民主制による連邦共和国

国の祝日 1月1日 元日
2月第一月曜日 憲法記念日
3月21日 ベニート・フアレス生誕日
3月～4月 聖木曜日、聖金曜日
5月1日 メーデー
5月5日 プエブラ戦勝記念日
9月16日 独立記念日
10月12日 コロンブス記念日
11月第三月曜日 メキシコ革命記念日
12月25日 クリスマス

周辺諸国　陸上の国境線で面しているのは、アメリカ合衆国、グアテマラ、ベリーズの3国。西は太平洋、東はメキシコ湾、カリブ海に面している。

行政区　1つの連邦区(連邦直轄地区)と、31の州
メキシコ連邦区、アグアスカリエンテス州、バハ・カリフォルニア州、バハ・カリフォルニア・スル州、カンペチェ州、チアパス州、チワワ州、コアウィラ州、コリマ州、ドゥランゴ州、グアナファト州、ゲレーロ州、イダルゴ州、ハリスコ州、メヒコ州、ミチョアカン州、モレーロス州、ナヤリット州、ヌエボ・レオン州、オアハカ州、プエブラ州、ケレタロ州、キンタナ・ロー州、サン・ルイス・ポトシ州、シナロア州、ソノラ州、タバスコ州、タマウリパス州、トラスカラ州、ベラクルス州、ユカタン州、サカテカス州

主要都市　メキシコシティ、グアダラハラ、モンテレイ、プエブラ、トルーカ、ティフアナ、アカプルコ、シウダー・フアレス、トレオン、サン・ルイス・ポトシ、ケレタロ、メリダ、メヒカリ、アグアスカリエンテス、クエルナバカ

気候　6～9月 雨季で　10～5月 乾季

自然環境

海　太平洋、カリブ海、コルテス海

湾　メキシコ湾、カンペチェ湾、カリフォルニア湾、テワンテペク湾、バンデラス湾、ペタカルコ湾、アセンシオン湾、エスピリトゥ・サント湾、セバスチャン・ビスカイノ湾など

川　リオ・グランデ川、ヤキ川、ソノラ川、バルサス川、ウスマシンタ川、コンチョス川、メスキタル川、アルメリア川、メスカラパ川、ナサス川、コロラド川、パヌコ川、コンセンプシオン川、グリハルバ川、フエルテ川など

湖　チャパラ湖、テスココ湖、インフィエルニヨ湖、マドレ湖、クイトセオ湖、テルミノス湖、パツクアロ湖、ミゲルアレマン湖、ベゴニアス湖、チラ湖、リモ湖、バルセキージョ湖、クイチェオ湖、カテマコ湖など

潟　マドレ潟、テルミノス潟、タミアワ潟、ミトラ潟、トレスパロス潟、アルバラード潟、サンマルコス潟

島　マリアス諸島、レヴィリャヒヘド諸島、アンヘルデアグアルダ島、ティブロン島、セドロス島、サンタマルガリタ島、サンホセ島、カルメン島、コスメル島など

山脈・山地　東シエラマドレ山脈、西シエラマドレ山脈、南シエラマドレ山脈、サンフランシスコ山地、サンタクララ山地、ブロ山地

高原　メキシコ高原、アナワク高原、ソラグナ高原

地峡 テワンテペク地峡
盆地 マピミ盆地
山岳 ピコ・デ・オリサバ山(シトラルテペトル山)、ポポカテペトル山、グアダルーペ山、アパスコ山、サンタカタリーナ山、コリマ山、イスタシュワトル山、エルチチョン山、シエラ・マドレ・オクシデンタル山、トレス・ビルヘネス山、パリクティン山、ディアブロ山、ラウレル山など
半島 カリフォルニア半島、ユカタン半島
岬 エウヘニア岬、サンルカス岬、コリエンテス岬、ロホ岬、カトチェ岬、サンラサロ岬、エウヘニア岬、アレナ岬、ミタ岬、アブレオホス岬、コロネット岬、サンキンティン岬、エレロ岬、モロ岬など
ラムサール登録湿地 シアン・カアン生物圏保護区、エル・ヴィスカイノの鯨保護区、レビジャヒヘド諸島、ソチミルコ、ラパス、マサトラン、ベラクルス、クリアカン、カンクンなど
伝統芸能 マリアッチ、バンダ、ノルテーニョ、ランチェラ、コリード
劇場 ペジャス・アルテス宮殿(メキシコ国立芸術院)、フアレス劇場など
植物園 メキシコ植物園、コヨアカン植物園、コスモ・ピトラル植物園など
博物館 国立人類学博物館、国立歴史博物館、ユカタン人類学博物館、ペドロ・コロネル博物館
美術館 国立美術館、近代美術館、シケイロス美術館、ディエゴ・リベラ壁画館、ソウマヤ美術館
特産品 サラッペ、タラベラ焼、銀製品、ソンブレロ、ポンチョ、チリソース(ハバネロなど)、メスカル酒 (テキーラなど)
料理 メキシコ料理 (トルティージャ、タコス、トスターダスなど)
大学 メキシコ国立自治大学、メキシコ国立工科大学、バハ・カリフォルニア自治大学、モンテレイ工科大学、グアダラハラ自治大学、グアナファト大学など
主要メディア El Universal、 Excelsior、 La Jornada、 Notimex、 Reforma、 El Norte、 El Economista など
インターネット・ドメイン名 mx　**国際電話の国番号** 52
電圧 110ボルト、120ボルト、127ボルト／60ヘルツ　**プラグ** A
航空会社 アエロメヒコ航空(AM)、アステカ航空(ZE)、インテルジェット、ボラリス
メキシコへの乗り入れ航空会社 アメリカン航空、デルタ航空、ユナイテッド航空、エア・カナダ、ブリティッシュ・エアウェイズ、イベリア航空、KLMオランダ航空、ルフトハンザドイツ航空、エールフランス航空、TAM航空、クバーナ航空、コパ航空、コパ・コロンビア航空、ラン航空、ラン・ペルー航空など
国際空港 メキシコシティ国際空港(ベニート・フアレス国際空港)、カンクン国際空港、ヘネラル・ファン・N・アルバレス国際空港(アカプルコ)、デル・バヒオ国際空港(グアナファト)、ソソコトラン空港(オアハカ)、ドン・ミゲル・イダルゴ・イ・コスティージャ国際空港(グアダラハラ)、ヘネラル・アベラルド・L・ロドリゲス国際空港(ティファナ)、マヌエル・クレセンシオ・レホン国際空港(メリダ) など
観光行政 メキシコ観光局 (Mexico Tourism Board)
国際観光客数 2,909万人 (2014年)
日本人訪問者数 10.7万人 (2014年)
日本との時差 3つの標準時あり。
中部標準時＜メキシコシティなどの主要部分＞：日本時間 -15時間 (サマータイム -14時間)
山岳標準時＜南バハ・カリフォルニア州、ナジャリ州、ソノラ州、シナロア州などの北部＞：-16時間
太平洋標準時＜北バハ・カリフォルニア州など＞： -17時間
日本との姉妹都市提携 ＜仙台市・アカプルコ市＞＜名古屋市・メキシコシティ＞＜大多喜町・クエルナバカ市＞＜御宿町・アカプルコ市＞＜埼玉県・メヒコ州＞＜浦和市・トルーカ市＞

<京都市・グアダラハラ市> <和歌山県・シナロア州> <宮崎県総合博物館・メキシコ市文化博物館> <鹿島港・ラサロ・カルデナス港>

在留邦人数 9,437人（2015年10月現在） **在日メキシコ人数** 3,354人（2015年）

ユネスコ世界遺産 31～103頁を参照。

ユネスコ世界遺産暫定リスト記載物件 105～107頁を参照。

無形文化遺産保護条約締約年 2005年

ユネスコ世界無形文化遺産 109～113頁を参照。

ユネスコ世界の記憶（MOW） 115～119頁参照。

ユネスコ生物圏保護区（MAB） シアン・カアン生物圏保護区、リア・ラガルトス生物圏保護区、リア・セレストゥン生物圏保護区、シエラ・ゴルダ生物圏保護区、カラクルム地域生物圏保護区、マリアス諸島生物圏保護区、マピミ生物圏保護区、モンテス・アスーレス生物圏保護区、アラクラン岩礁生物圏保護区など

国立公園 エスピリトゥ・サント島国立公園、アレシフェ・アラクラネス国立公園、アレシフェス・デ・コズメル国立公園、アレシフェ・デ・プエルト・モレロス国立公園、アレシフェス・デ・シュカラク国立公園、バイーア・デ・ロレト国立公園、バランカ・デル・クパティツイオ国立公園、バサセアチ・フォールズ国立公園、ベニート・ファレス国立公園、ボセンチェベ国立公園、カボ・プルモ国立公園、カニョン・デル・リオ・ブランコ国立公園、カニョン・デル・スミデロ国立公園、セロ・デ・ラス・カンパナス国立公園、セロ・デ・ラ・エストレラ国立公園、セロ・デ・ガルニカ国立公園、コフレ・デ・ペロテ国立公園、コンスティトゥシオン・デ・1857国立公園、コスタ・オクシデンタル・デ・イスラ・ムヘーレス国立公園、クンブレス・デル・アフスコ国立公園、クンブレス・デ・マハルカ国立公園、クンブレス・デ・モンテレイ国立公園、デシエルト・デル・カルメン国立公園、デシエルト・デ・ロス・レオネス国立公園、ジビルチャルトゥン国立公園、エル・シマタリオ国立公園、エル・ゴゴロン国立公園、エル・ヒストリコ・コヨアカン国立公園、エル・ポトシ国立公園、エル・サビナル国立公園、エル・テペヤック国立公園、エル・テポステコ国立公園、エル・テポステコエル・ヴェラデロ国立公園、フエンテ・ブロタンテ・デ・トゥラルパン国立公園、ヘネラル・ファン・エヌ・アルバレス国立公園、グルタス・デ・カカワミルパ国立公園、ウアタルコ国立公園、ホセ・マリア・モレーロス・イ・パボン国立公園、インスルヘンテ・ミゲル・イダルゴ・イ・コスティージャ国立公園、ラ・マルケサ国立公園、コントイー島国立公園、イザベル島国立公園、マリエタス島国立公園、イスタクシウアトル-ポポカテペトル国立公園、ラ・マリンチェ国立公園、カメクアロ湖国立公園、ラグナス・デ・チャカウア国立公園、ラグナス・デ・モンテベロ国立公園、ラグナス・デ・センポアラ国立公園、ロマス・デ・パディエルナ国立公園、ロス・マルモレス国立公園、ロス・ノビオス国立公園、ロス・レメディオス国立公園、ミネラル・デル・チコ国立公園、モリノ・デ・フローレ・ネサワルコヨトル国立公園、ネバド・デ・トルカ国立公園、パレンケ国立公園、ピコ・デ・オリザバ国立公園、ラヨーン国立公園、サクロモンテ国立公園、サン・ロレンゾ海洋島国立公園、シエラ・デ・オルガノス国立公園、シエラ・デ・サン・ペドロ・マルティル国立公園、システマ・アレシファル・ベラクルス国立海洋公園、トゥルム国立公園、コリマ雪山国立公園、シコテンカトル国立公園

国際組織への参加 APEC, Australia Group, BCIE, BIS, CAN (observer), Caricom (observer), CD, CDB, CE (observer), CELAC, CSN (observer), EBRD, FAO, FATF, G-3, G-15, G-20, G-24, G-5, IADB, IAEA, IBRD, ICAO, ICC (national committees), ICCt, ICRM, IDA, IFAD, IFC, IFRCS, IHO, ILO, IMF, IMO, IMSO, Interpol, IOC, IOM, IPU, ISO, ITSO, ITU, ITUC (NGOs), LAES, LAIA, MIGA, NAFTA, NAM (observer), NEA, NSG, OAS, OECD, OPANAL, OPCW, Pacific Alliance, Paris Club (associate), PCA, SICA (observer), UN, UNASUR (observer), UNCTAD, UNESCO, UNHCR, UNIDO, Union Latina (observer), UNWTO, UPU, WCO, WFTU (NGOs), WHO, WIPO, WMO, WTO

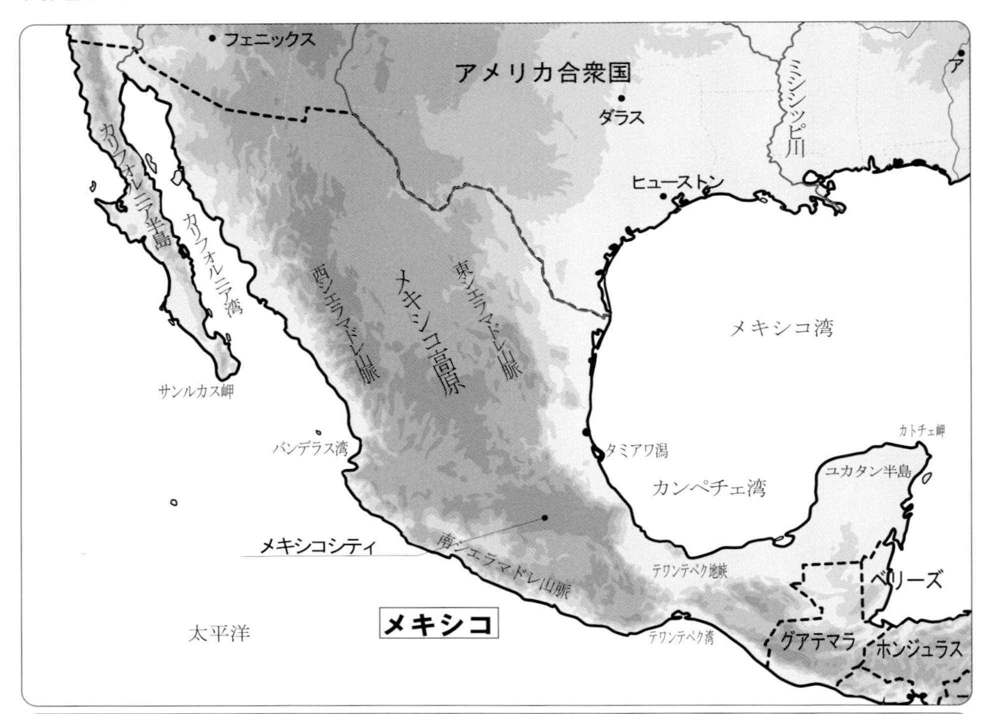
フェニックス
アメリカ合衆国
ダラス
ミシシッピ川
ヒューストン
カリフォルニア半島
カリフォルニア湾
西シエラマドレ山脈
メキシコ高原
東シエラマドレ山脈
メキシコ湾
サンルカス岬
バンデラス湾
タミアワ潟
カトチェ岬
ユカタン半島
カンペチェ湾
メキシコシティ
南シエラマドレ山脈
テワンテペク地峡
ベリーズ
太平洋
メキシコ
テワンテペク湾
グアテマラ
ホンジュラス

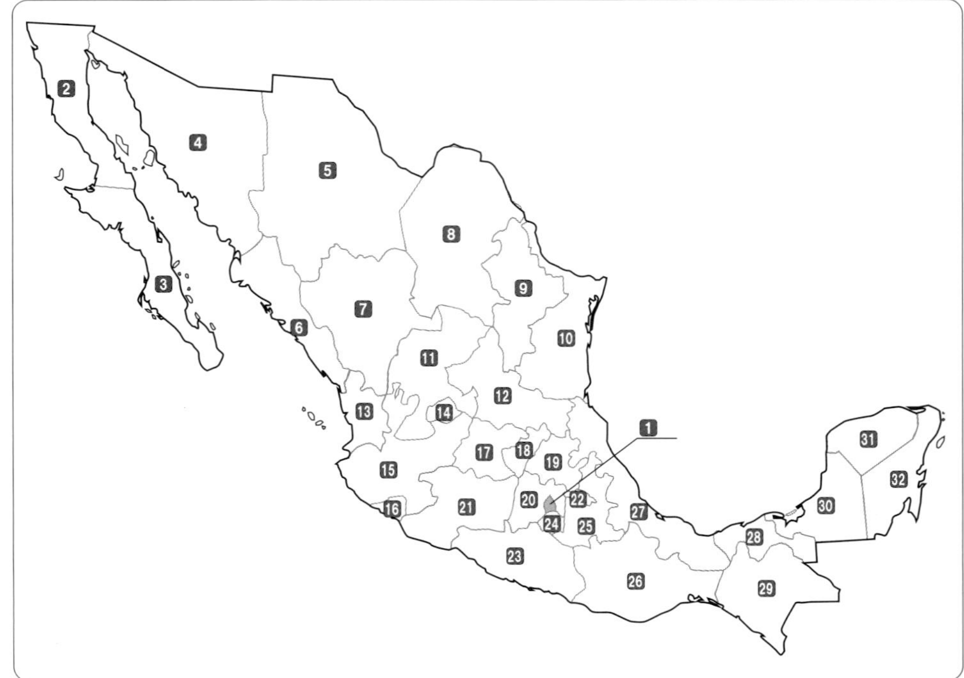
1
2
3
4
5
6
7
8
9
10
11
12
13
14
15
16
17
18
19
20
21
22
23
24
25
26
27
28
29
30
31
32

■メキシコの州

州名	州都（人口）
❶メキシコ連邦区	メキシコシティ（892万人）
❷バハ・カリフォルニア州	メヒカリ（102万人）
❸バハ・カリフォルニア・スル州	ラパス（22万人）
❹ソノラ州	エルモシージョ（78万人）
❺チワワ州	チワワ（93万人）
❻シナロア州	クリアカン（86万人）
❼ドゥランゴ州	ドゥランゴ（52万人）
❽コアウィラ州	サルティーヨ（73万人）
❾ヌエボ・レオン州	モンテレイ（113万人）
❿タマウリパス州	シウダ・ビクトリア（31万人）
⓫サカテカス州	サカテカス（14万人）
⓬サン・ルイス・ポトシ州	サン・ルイス・ポトシ（69万人）
⓭ナヤリット州	テピク（33万人）
⓮アグアスカリエンテス州	アグアスカリエンテス（93万人）
⓯ハリスコ州	グアダラハラ（150万人）
⓰コリマ州	コリマ（13万人）
⓱グアナファト州	グアナファト（17万人）
⓲ケレタロ州	ケレタロ（80万人）
⓳イダルゴ州	パチューカ（28万人）
⓴メヒコ州	トルーカ（82万人）
㉑ミチョアカン州	モレリア（73万人）
㉒トラスカラ州	ラスカラ・デ・シコテンカトル（9万人）
㉓ゲレーロ州	チルパンシンゴ（19万人）
㉔モレーロス州	クエルナバカ（35万人）
㉕プエブラ州	プエブラ（154万人）
㉖オアハカ州	オアハカ（30万人）
㉗ベラクルス州	ハラパ（39万人）
㉘タバスコ州	ビジャエルモーサ（64万人）
㉙チアパス州	トゥストラ・グティエレス（60万人）
㉚カンペチェ州	カンペチェ（22万人）
㉛ユカタン州	メリダ（97万人）
㉜キンタナ・ロー州	チェトゥマル（15万人）

メキシコの世界遺産　概要

ウシュマル古代都市

1996年登録

魔法使いのピラミッドの前にて

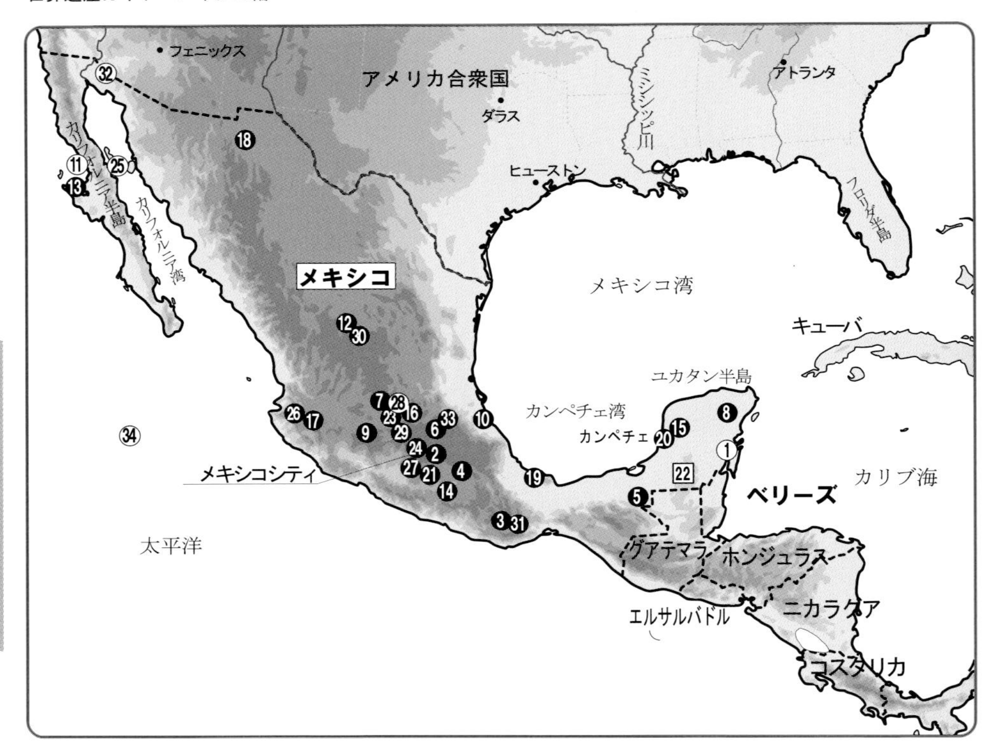

①シアン・カアン（Sian Ka'an）
自然遺産（登録基準(vii)(x)） 1987年

❷メキシコシティーの歴史地区とソチミルコ（Historic Centre of Mexico City and Xochimilco）
文化遺産（登録基準(ii)(iii)(iv)(v)） 1987年

❸オアハカの歴史地区とモンテ・アルバンの考古学遺跡
（Historic Centre of Oaxaca and Archaeological Site of Monte Albán）
文化遺産（登録基準(i)(ii)(iii)(iv)） 1987年

❹プエブラの歴史地区（Historic Centre of Puebla）
文化遺産（登録基準(ii)(iv)） 1987年

❺パレンケ古代都市と国立公園（Pre-Hispanic City and National Park of Palenque）
文化遺産（登録基準(i)(ii)(iii)(iv)） 1987年

❻テオティワカン古代都市（Pre-Hispanic City of Teotihuacan）
文化遺産（登録基準(i)(ii)(iii)(iv)(vi)） 1987年

❼古都グアナファトと近隣の鉱山群（Historic Town of Guanajuato and Adjacent Mines）
文化遺産（登録基準(i)(ii)(iv)(vi)） 1988年

❽チチェン・イッツァ古代都市（Pre-Hispanic City of Chichen-Itza）
文化遺産（登録基準(i)(ii)(iii)） 1988年

❾モレリアの歴史地区（Historic Centre of Morelia）
文化遺産（登録基準(ii)(iv)(vi)） 1991年

❿エル・タヒン古代都市（El Tajin, Pre-Hispanic City）
文化遺産（登録基準(iii)(iv)） 1992年

⑪エル・ヴィスカイノの鯨保護区（Whale Sanctuary of El Vizcaino）
自然遺産（登録基準(x)） 1993年

⓬サカテカスの歴史地区（Historic Centre of Zacatecas）
文化遺産（登録基準(ii)(iv)） 1993年

⑬サン・フランシスコ山地の岩絵（Rock Paintings of the Sierra de San Francisco）
文化遺産（登録基準（i）（iii））　1993年
⑭ポポカテペトル山腹の16世紀初頭の修道院群
（Earliest 16th-Century Monasteries on the Slopes of Popocatepetl）
文化遺産（登録基準（ii）（iv））　1994年
⑮ウシュマル古代都市（Pre-Hispanic Town of Uxmal）
文化遺産（登録基準（i）（ii）（iii））　1996年
⑯ケレタロの歴史的建造物地域（Historic Monuments Zone of Querétaro）
文化遺産（登録基準（ii）（iv））　1996年
⑰グアダラハラのオスピシオ・カバニャス（Hospicio Cabañas, Guadalajara）
文化遺産（登録基準（i）（ii）（iii）（iv））　1997年
⑱カサス・グランデスのパキメの考古学地域（Archaeological Zone of Paquimé, Casas Grandes）
文化遺産（登録基準（iii）（iv））　1998年
⑲トラコタルパンの歴史的建造物地域（Historic Monuments Zone of Tlacotalpan）
文化遺産（登録基準（ii）（iv））　1998年
⑳カンペチェの歴史的要塞都市（Historic Fortified Town of Campeche）
文化遺産（登録基準（ii）（iv））　1999年
㉑ソチカルコの考古学遺跡ゾーン（Archaeological Monuments Zone of Xochicalco）
文化遺産（登録基準（iii）（iv））　1999年
㉒カンペチェ州、カラクムルの古代マヤ都市と熱帯林保護区
（Ancient Maya City and Protected Tropical Forests of Calakmul, Campeche）
複合遺産（登録基準（i）（ii）（iii）（iv）（vi）（ix）（x））2002年／2014年
㉓ケレタロ州のシエラ・ゴルダにあるフランシスコ会伝道施設
（Franciscan Missions in the Sierra Gorda of Queretaro）
文化遺産（登録基準（ii）（iii））　2003年
㉔ルイス・バラガン邸と仕事場（Luis Barragan House and Studio）
文化遺産（登録基準（i）（ii））　2004年
㉕カリフォルニア湾の諸島と保護地域
（Islands and Protected Areas of the Gulf of California）
自然遺産（登録基準（vii）（ix）（x））　2005年／2007年
㉖テキーラ（地方）のリュウゼツランの景観と古代産業設備
（Agave Landscape and Ancient Industrial Facilities of Tequila）
文化遺産（登録基準（ii）（iv）（v）（vi））　2006年
㉗メキシコ国立自治大学（UNAM）の中央大学都市キャンパス
（Central University City Campus of the *Universidad Nacional Autónoma de Mexico*（UNAM））
文化遺産（登録基準（i）（ii）（iv））　2007年
㉘オオカバマダラ蝶の生物圏保護区（Monarch Butterfly Biosphere Reserve）
自然遺産（登録基準（vii））　2008年
㉙サン・ミゲルの保護都市とアトトニルコのナザレのイエス聖域
（Protective town of San Miguel and the Sanctuary of Jesús de Nazareno de Atotonilco）
文化遺産（登録基準（ii）（iv））　2008年
㉚カミノ・レアル・デ・ティエラ・アデントロ（Camino Real de Tierra Adentro）
文化遺産（登録基準（ii）（iv））　2010年
㉛オアハカの中央渓谷のヤグールとミトラの先史時代の洞窟群
（Prehistoric Caves of Yagul and Mitla in the Central Valley of Oaxaca）
文化遺産（登録基準（iii））　2010年
㉜エル・ピナカテ／アルタル大砂漠生物圏保護区
（El Pinacate and Gran Desierto de Altar Biosphere Reserve）
自然遺産（登録基準（vii）（viii）（x））　2013年
㉝テンブレケ神父の水道橋の水利システム（Aqueduct of Padre Tembleque Hydraulic System）
文化遺産（登録基準（i）（ii）（iv））　2015年
㉞レヴィリャヒヘド諸島（Archipiélago de Revillagigedo）
自然遺産（登録基準（vii）（viii）（x））　2016年

メキシコの世界遺産　登録基準と所在州

物件名	登録年	登録基準									
		(i)	(ii)	(iii)	(iv)	(v)	(vi)	(vii)	(viii)	(ix)	(x)
①シアン・カアン	1987年							○			○
❷メキシコシティーの歴史地区とソチミルコ	1987年		●	●	●	●					
❸オアハカの歴史地区とモンテ・アルバンの考古学遺跡	1987年	●	●	●	●						
❹プエブラの歴史地区	1987年		●		●						
❺パレンケ古代都市と国立公園	1987年	●	●	●	●						
❻テオティワカン古代都市	1987年	●	●	●	●		●				
❼古都グアナファトと近隣の鉱山群	1988年	●	●		●		●				
❽チチェン・イッツァ古代都市	1988年	●	●	●							
❾モレリアの歴史地区	1991年		●		●		●				
❿エル・タヒン古代都市	1992年			●	●						
⑪エル・ヴィスカイノの鯨保護区	1993年										○
⓬サカテカスの歴史地区	1993年		●		●						
⓭サン・フランシスコ山地の岩絵	1993年	●		●							
⓮ポポカテペトル山腹の16世紀初頭の修道院群	1994年		●		●						
⓯ウシュマル古代都市	1996年	●	●	●							
⓰ケレタロの歴史的建造物地域	1996年		●		●						
⓱グアダラハラのオスピシオ・カバニャス	1997年	●	●	●	●						
⓲カサス・グランデスのパキメの考古学地域	1998年			●	●						
⓳トラコタルパンの歴史的建造物地域	1998年		●		●						
⓴カンペチェの歴史的要塞都市	1999年		●		●						
㉑ソチカルコの考古学遺跡ゾーン	1999年			●	●						
[22]カンペチェ州、カラクムルの古代マヤ都市と熱帯林保護区	2002年 2014年	●	●	●	●		●			○	○
㉓ケレタロ州のシエラ・ゴルダにあるフランシスコ会伝道施設	2003年		●	●							
㉔ルイス・バラガン邸と仕事場	2004年	●	●								
㉕カリフォルニア湾の諸島と保護地域	2005年 2007年							○		○	○
㉖テキーラ(地方)のリュウゼツランの景観と古代産業設備	2006年		●		●	●	●				
㉗メキシコ国立自治大学(UNAM)の中央大学都市キャンパス	2007年	●	●		●						
㉘オオカバマダラ蝶の生物圏保護区	2008年							○			
㉙サン・ミゲルの保護都市とアトトニルコのナザレのイエス聖域	2008年		●		●						
㉚カミノ・レアル・デ・ティエラ・アデントロ	2010年		●		●						
㉛オアハカの中央渓谷のヤグールとミトラの先史時代の洞窟群	2010年			●							
㉜エル・ピナカテ／アルタル大砂漠生物圏保護区	2013年							○	○		○
㉝テンブレケ神父の水道橋の水利システム	2015年	●	●		●						
㉞レヴィリャヒヘド諸島	2016年							○		○	○

メキシコの世界遺産 概要

	メキシコ連邦区	バハ・カリフォルニア州	バハ・カリフォルニア・スル州	ソノラ州	チワワ州	シナロア州	ドゥランゴ州	コアウィラ州	ヌエボ・レオン州	タマウリパス州	サカテカス州	サン・ルイス・ポトシ州	ナヤリット州	アグアスカリエンテス州	ハリスコ州	コリマ州	グアナファト州	ケレタロ州	イダルゴ州	メヒコ州	ミチョアカン州	トラスカラ州	ゲレーロ州	モレーロス州	プエブラ州	オアハカ州	ベラクルス州	タバスコ州	チアパス州	カンペチェ州	ユカタン州	キンタナ・ロー州
①																																◎
❷	◎																															
❸																										◎						
❹																									◎							
❺																													◎			
❻																				◎												
❼																	◎															
❽																															◎	
❾																					◎											
❿																											◎					
⑪		◎	◎																													
⓬											◎																					
⓭			◎																													
⓮																				◎					◎							
⓯																															◎	
⓰																		◎														
⓱															◎																	
⓲					◎																											
⓳																											◎					
⓴																														◎		
21																								◎								
22																														◎		
23																		◎														
24	◎																															
㉕		◎	◎	◎		◎							◎																			
26															◎																	
27	◎																															
㉘																				◎	◎											
29																	◎															
30	◎				◎		◎				◎	◎		◎	◎		◎	◎	◎	◎												
31																										◎						
㉜				◎																												
33																			◎	◎												
㉞																◎																

2016年7月現在

メキシコのユネスコ遺産　登録等の歩み

1945年11月	メキシコ、国連に加盟。
1946年11月	メキシコ、ユネスコに加盟。
1984年 2月	メキシコ、世界遺産条約を批准。
1985年11月	メキシコ、世界遺産委員会委員国(1回目)となる。（～1991年まで）
1987年12月	第11回世界遺産委員会パリ会議で、メキシコ最初のユネスコ世界遺産、「シアン・カアン」、「メキシコシティーの歴史地区とソチミルコ」、「オアハカの歴史地区とモンテ・アルバンの考古学遺跡」、「プエブラの歴史地区」、「パレンケ古代都市と国立公園」、「テオティワカン古代都市」の6物件が世界遺産リストに登録される。（自然遺産1、文化遺産5）
1988年12月	第12回世界遺産委員会ブラジリア会議で、「古都グアナファトと近隣の鉱山群」、「チチェン・イッツァ古代都市」の2物件が世界遺産リストに登録される。
1991年11月	メキシコ、世界遺産委員会委員国(2回目)となる。（～1997年まで）
1991年12月	第15回世界遺産委員会カルタゴ会議で、「モレリアの歴史地区」が世界遺産リストに登録される。
1992年12月	第16回世界遺産委員会サンタ・フェ会議で、「エル・タヒン古代都市」が世界遺産リストに登録される。
1993年12月	第17回世界遺産委員会カルタヘナ会議で、「エル・ヴィスカイノの鯨保護区」、「サカテカスの歴史地区」、「サン・フランシスコ山地の岩絵」の3物件が世界遺産リストに登録される。
1994年12月	第18回世界遺産委員会プーケット会議で、「ポポカテペトル山腹の16世紀初頭の修道院群」が世界遺産リストに登録される。
1996年12月	ユカタン州メリダのフェスタ・アメリカーナ・メリダにて、第20回世界遺産委員会メリダ会議が開催される。＜議長：Ms.Maria Teresa Franco y Gonzalez Salas マリア・テレサ・フランコ・イー・ゴンザレス・サラス女史　メキシコ)、ラポルチュール(報告担当国)：Mr.Lambert Messan ランバート・メッサン氏　ニジェール)、副議長国：オーストラリア、ドイツ、イタリア、日本、モロッコ＞ 第20回世界遺産委員会メリダ会議で、「ウシュマル古代都市」、「ケレタロの歴史的建造物地域」の2物件が世界遺産リストに登録される。
1997年9月	第3回世界の記憶国際諮問委員会タシケント会議で、「テチャロヤン・デ・クアヒマルパの文書」、「オアハカ渓谷の文書」、「メキシコ語の発音記号のコレクション」の3件が世界の記憶に登録される。
1997年10月	メキシコ、世界遺産委員会委員国(3回目)となる。（～2003年まで）
1997年12月	第21回世界遺産委員会ナポリ会議で、「グアダラハラのオスピシオ・カバニャス」が世界遺産リストに登録される。
1998年12月	第22回世界遺産委員会京都会議で、「カサス・グランデスのパキメの考古学地域」、「トラコタルパンの歴史的建造物地域」の2物件が世界遺産リストに登録される。
1999年12月	第23回世界遺産委員会マラケシュ会議で、「カンペチェの歴史的要塞都市」、「ソチカルコの考古学遺跡ゾーン」の2物件が世界遺産リストに登録される。
2002年6月	第26回世界遺産委員会ブダペスト会議で、「カンペチェ州、カラクムルの古代マヤ都市」が世界遺産リストに登録される。
2003年7月	第27回世界遺産委員会パリ会議で、「ケレタロ州のシエラ・ゴルダにあるフランシスコ会伝道施設」が世界遺産リストに登録される。
2003年8月	第6回世界の記憶国際諮問委員会グダニスク会議で、「忘れられた人々」が世界の記憶に登録される。
2004年7月	第28回世界遺産委員会蘇州会議で、「ルイス・バラガン邸と仕事場」が世界遺産リストに登録される。
2005年6月	第7回世界の記憶国際諮問委員会麗江会議で、「パラフクシアナ図書館」が世界の記憶に登録される。

2005年7月	第29回世界遺産委員会ダーバン会議で、「カリフォルニア湾の諸島と保護地域」が世界遺産リストに登録される。
2005年12月	メキシコ、世界無形文化遺産条約を批准。
2006年7月	第30回世界遺産委員会ヴィリニュス会議で、「テキーラ(地方)のリュウゼツランの景観と古代産業設備」が世界遺産リストに登録される。
2007年6月	第8回世界の記憶国際諮問委員会プレトリア会議で、「アメリカの植民地音楽：豊富な記録の見本、先住民族言語のコレクション」が世界の記憶に登録される。
2007年7月	第31回世界遺産委員会クライスト・チャーチ会議で、「メキシコ国立自治大学(UNAM)の中央大学都市キャンパス」が世界遺産リストに登録される。 「カリフォルニア湾の諸島と保護地域」の登録範囲が拡大される。
2008年7月	第32回世界遺産委員会ケベック会議で、「オオカバマダラ蝶の生物圏保護区」、「サン・ミゲルの保護都市とアトトニルコのナザレのイエス聖域」の2物件が世界遺産リストに登録される。
2008年11月	第3回世界無形文化遺産委員会イスタンブール会議で、「死者に捧げる土着の祭礼」が世界無形文化遺産に登録される。
2009年7月	第9回世界の記憶国際諮問委員会ブリッジタウン会議で、「メキシコのアシュケナージ(16-20世紀)」が世界の記憶に登録される。
2009年10月	第4回世界無形文化遺産委員会アブダビ会議で、「トリマンのオトミ・チチメカ族の記憶と生きた伝統の場所：聖地ペニャ・デ・ベルナル」、「ボラドーレスの儀式」が世界無形文化遺産に登録される。
2009年10月	メキシコ、世界遺産委員会委員国(4回目)となる。（～2013年まで）
2010年8月	第34回世界遺産委員会ブラジリア会議で、「カミノ・レアル・デ・ティエラ・アデントロ」、「オアハカの中央渓谷のヤグールとミトラの先史時代の洞窟群」の2物件が世界遺産リストに登録される。
2010年11月	第5回世界無形文化遺産委員会ナイロビ会議で、「チャパ・デ・コルソの伝統的な1月のパラチコ祭」、「プレペチャ族の伝統歌ピレクア」、「伝統的なメキシコ料理-真正、伝来、進化するコミュニティ文化、ミチョアカンのパラダイム」が世界無形文化遺産に登録される。
2011年5月	第10回世界の記憶国際諮問委員会マンチェスター会議で、「メキシコ国立公文書館所蔵等の『地図・絵画・イラスト』をもとにした16世紀～18世紀の図柄記録」が世界の記憶に登録される。
2011年11月	第6回世界無形文化遺産委員会バリ会議で、「マリアッチ、弦楽器音楽、歌、トランペット」が世界無形文化遺産に登録される。
2012年12月	第7回世界無形文化遺産委員会パリ会議で、「タクサガッケト マクカットラワナ：メキシコの先住民族芸術センターとベラクルス州のトトナック族の無形文化遺産保護への貢献」が世界無形文化遺産ベスト保護プラクティスに登録される。
2013年6月	第11回世界の記憶国際諮問委員会光州会議で、「ヴィスカイナス学院の歴史的アーカイヴの古文書：世界史の中での女性の教育と支援」が世界の記憶に登録される。
2013年6月	第37回世界遺産委員会プノンペン会議で、「エル・ピナカテ／アルタル大砂漠生物圏保護区」が世界遺産リストに登録される。
2014年6月	第38回世界遺産委員会ドーハ会議で、「カンペチェ州、カラクムルの古代マヤ都市」(2002年文化遺産登録)が、登録範囲を拡大、自然遺産の価値も評価されて、複合遺産として登録される。登録遺産名「カンペチェ州、カラクムルの古代マヤ都市と熱帯林保護区」に変更。
2015年7月	第39回世界遺産委員会ボン会議で、「テンブレケ神父の水道橋の水利システム」が世界遺産リストに登録される。
2015年10月	第12回世界の記憶国際諮問委員会アブダビ会議で、「権利の誕生に関する裁判記録集：1948年の世界人権宣言(UDHR)に対するメキシコの保護請求状の貢献による効果的救済、フレイ・ベルナルディーノ・デ・サアグン(1499～1590年)の作品」が世界の記憶に登録される。
2016年7月	第40回世界遺産委員会イスタンブール会議で、「レヴィリャヒヘド諸島」が世界遺産リストに登録される。

メキシコの世界遺産登録の推移

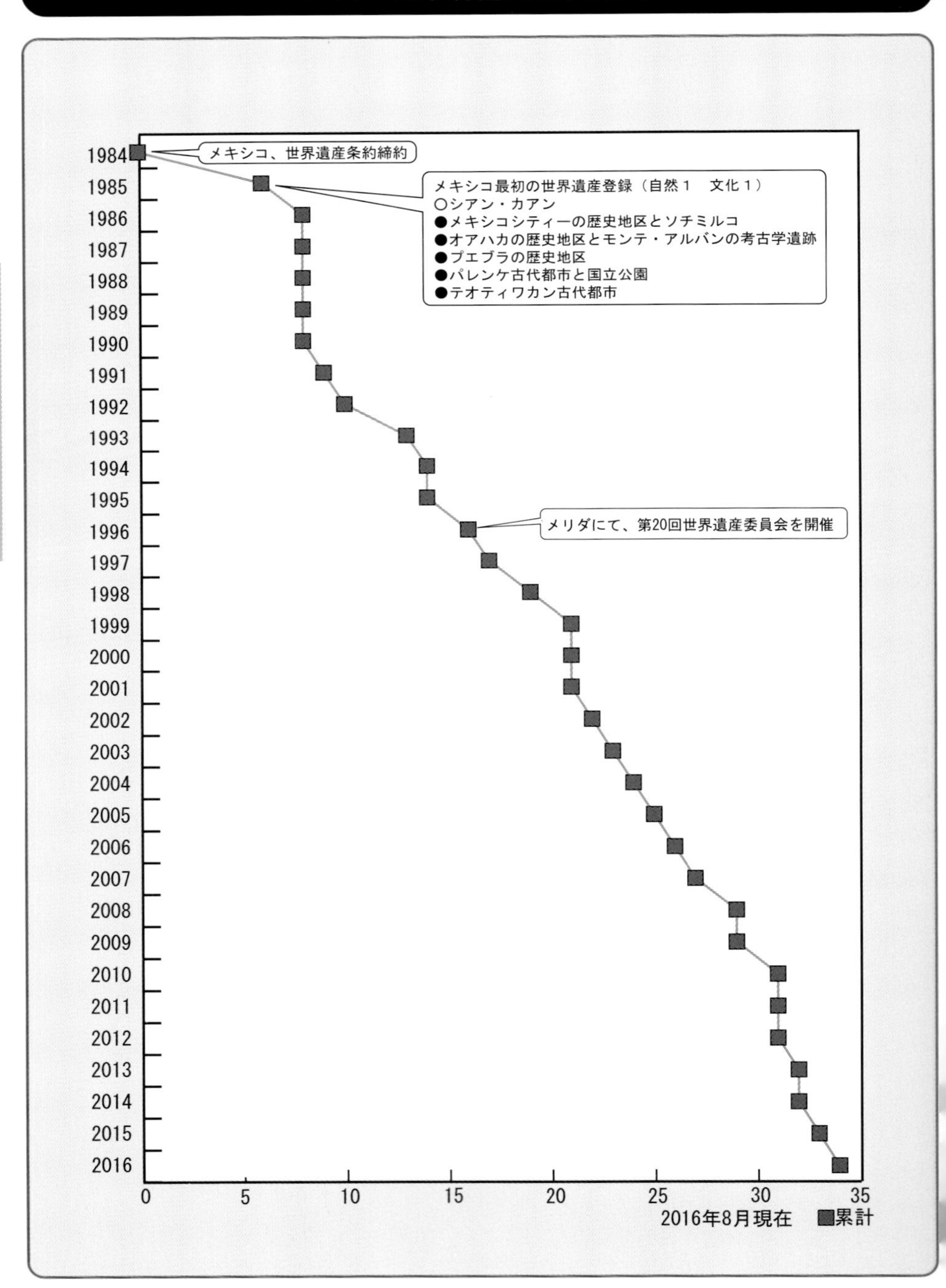

世界遺産の登録基準

世界遺産委員会が定める世界遺産の登録基準(クライテリア)が設けられており、このうちの一つ以上の基準を完全に満たしていることが必要。

(i) 人類の創造的天才の傑作を表現するもの。**→人類の創造的天才の傑作**

(ii) ある期間を通じて、または、ある文化圏において、建築、技術、記念碑的芸術、町並み計画、景観デザインの発展に関し、人類の価値の重要な交流を示すもの。
→人類の価値の重要な交流を示すもの

(iii) 現存する、または、消滅した文化的伝統、または、文明の、唯一の、または、少なくとも稀な証拠となるもの。**→文化的伝統、文明の稀な証拠**

(iv) 人類の歴史上、重要な時代を例証する、ある形式の建造物、建築物群、技術の集積、または、景観の顕著な例。
→歴史上、重要な時代を例証する優れた例

(v) 特に、回復困難な変化の影響下で損傷されやすい状態にある場合における、ある文化(または、複数の文化) 或は、環境と人間との相互作用を代表する伝統的集落、または、土地利用の顕著な例。
→存続が危ぶまれている伝統的集落、土地利用の際立つ例

(vi) 顕著な普遍的な意義を有する出来事、現存する伝統、思想、信仰、または、芸術的、文学的作品と、直接に、または、明白に関連するもの。
→普遍的出来事、伝統、思想、信仰、芸術、文学的作品と関連するもの

(vii) もっともすばらしい自然的現象、または、ひときわすぐれた自然美をもつ地域、及び、美的な重要性を含むもの。**→自然景観**

(viii) 地球の歴史上の主要な段階を示す顕著な見本であるもの。これには、生物の記録、地形の発達における重要な地学的進行過程、或は、重要な地形的、または、自然地理的特性などが含まれる。
→地形・地質

(ix) 陸上、淡水、沿岸、及び、海洋生態系と動植物群集の進化と発達において、進行しつつある重要な生態学的、生物学的プロセスを示す顕著な見本であるもの。
→生態系

(x) 生物多様性の本来的保全にとって、もっとも重要かつ意義深い自然生息地を含んでいるもの。これには、科学上、または、保全上の観点から、すぐれて普遍的価値をもつ絶滅の恐れのある種が存在するものを含む。
→生物多様性

(注) → は、わかりやすい覚え方として、当シンクタンクが言い換えたものである。

世界遺産の数の国際比較

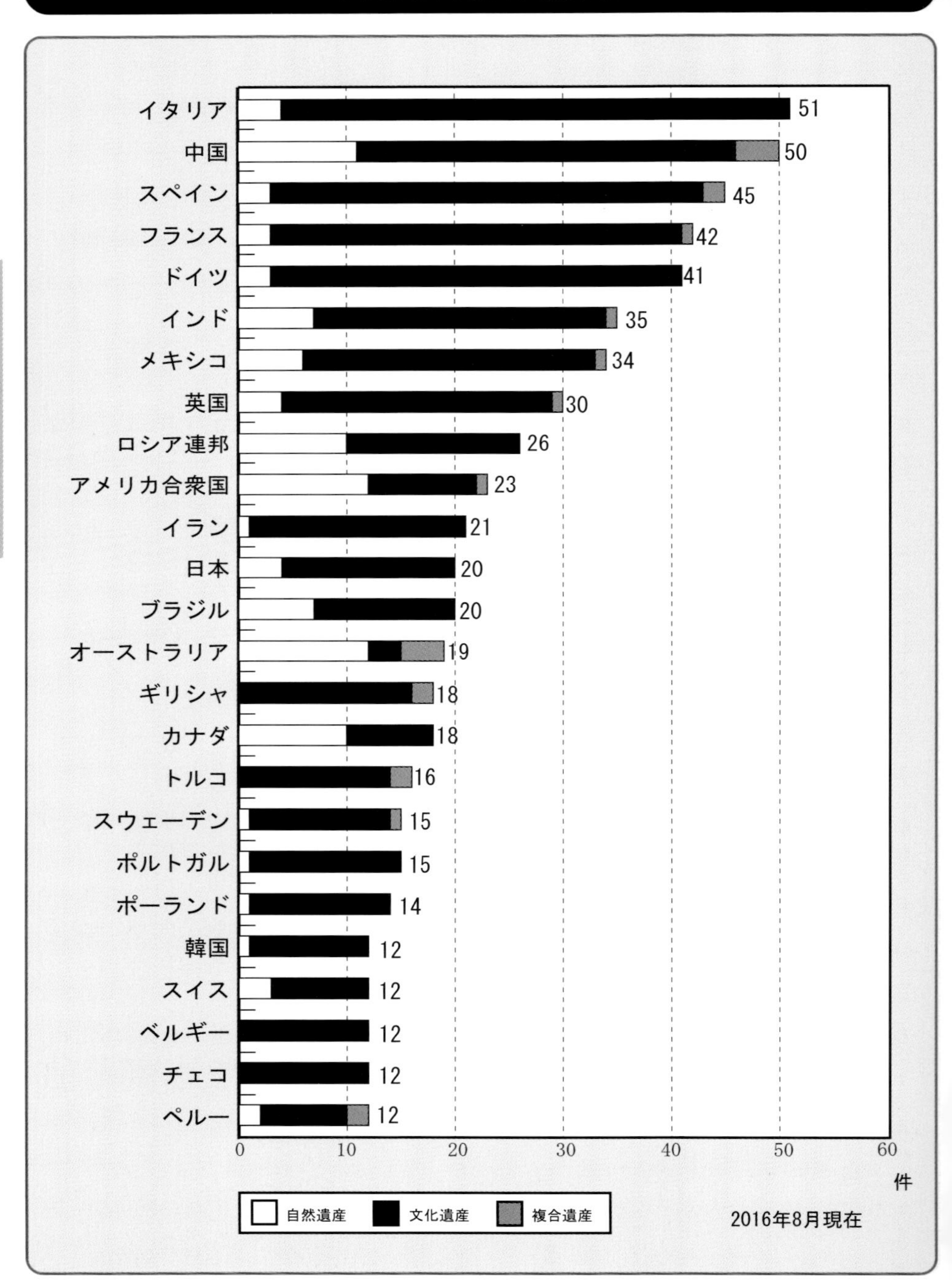

世界遺産　キーワード

- Area of nominated property　登録範囲
- Authenticity　真正性、或は、真実性
- Boundaries　境界線（コア・ゾーンとバッファー・ゾーンとの）
- Buffer Zone　バッファー・ゾーン（緩衝地帯）
- Community　地域社会
- Corrective measure　改善措置
- Comparative Analysis　比較分析
- Components　構成資産
- Comparison with other similar properties　他の類似物件との比較
- Conservation and Management　保護管理
- Core Zone　コア・ゾーン（核心地域）
- Criteria for Inscription　登録基準
- Cultural and Natural Heritage　複合遺産
- Cultural Heritage　文化遺産
- Cultural Landscapes　文化的景観
- Desired State of Conservation　望ましい保全状況
- Environmental Impact Assessment（EIA）　環境影響評価
- Factual error　事実関係の誤り
- Heritage Impact Assessment（HIA）　遺産影響評価
- ICCROM　文化財保存及び修復の研究のための国際センター（通称　ローマセンター）
- ICOMOS　国際記念物遺跡会議
- Integrity　完全性
- International Cooperation　国際協力
- IUCN　国際自然保護連合
- Juridical Data　法的データ
- Minor modifications to the boundaries　登録範囲の軽微な変更
- Monitoring　モニタリング（監視）
- Natural and Cultural Landscape　複合景観（自然・文化景観）
- Natural Heritage　自然遺産
- Outstanding Universal Value（OUV）　顕著な普遍的価値
- Periodic Reporting　定期報告
- Potential danger　潜在的な危険
- Preserving and Utilizing　保全と活用
- Protected Areas　保護地域
- Reactive Monitoring Mission　リアクティブ・モニタリング・ミッション
- Reinforced Monitoring Mechanism　監視強化メカニズム（強化モニタリング・メカニズム）
- Retrospective Statement　遡及的申告
- Serial nomination　シリアル・ノミネーション（連続性のある）
- Significant modifications to the boundaries　登録範囲の重大な変更
- State of Conservation　保護状況
- Transboundary nomination　トランスバウンダリー・ノミネーション（国境をまたぐ）
- Upstream Process　アップストリーム・プロセス
- Visual integrity　視覚的影響
- World Heritage　世界遺産
- World Heritage Committee　世界遺産委員会
- World Heritage Fund　世界遺産基金
- World Heritage in Danger　危機にさらされている世界遺産

世界遺産登録と「顕著な普

コア・ゾーン（推薦資産）

登録推薦資産を効果的に保護するたに明確に設定された境界線。

境界線の設定は、資産の「顕著な普遍的価値」及び完全性及び真正性が十分に表現されることを保証するように行われなければならない。

____________ ha

- 文化財保護法
  国の史跡指定
  国の重要文化的景観指定など
- 自然公園法
  国立公園、国定公園
- 都市計画法
  国営公園

登録範囲

バッファー・ゾーン（緩衝地帯）

推薦資産の効果的な保護を目的として、推薦資産を取り囲む地域に、法的または慣習的手法により補完的な利用・開発規制を敷くことにより設けられるもうひとつの保護の網。推薦資産の直接のセッティング（周辺の環境）、重要な景色やその他資産の保護を支える重要な機能をもつ地域または特性が含まれるべきである。

____________ ha

- 景観条例
- 環境保全条例

長期的な保存管理計画

登録推薦資産の現在及び未来にわたる効果的な保護を担保するために、各資産について、資産の「顕著な普遍的価値」をどのように保全すべきか（参加型手法を用いることが望ましい）について明示した適切な管理計画のこと。どのような管理体制が効果的かは、登録推薦資産のタイプ、特性、ニーズや当該資産が置かれた文化、自然面での文脈によっても異なる。管理体制の形は、文化的視点、資源量その他の要因によって、様々な形式をとり得る。伝統的手法、既存の都市計画や地域計画の手法、その他の計画手法が使われることが考えられる。

- 管理主体
- 管理体制
- 管理計画

- 記録・保存・継承
- 公開・活用（教育、観光、まちづくり）

- 地域計画、都市計画
- 協働のまちづくり

担保条件

顕著な普遍的価値（Outs

国家間の境界を超越し、人類全体にとって現代
文化的な意義及び／又は自然的な価値を意味
国際社会全体にとって最高水準の重要性を有す

ローカル ⇨ リージョナル ⇨ ナショ

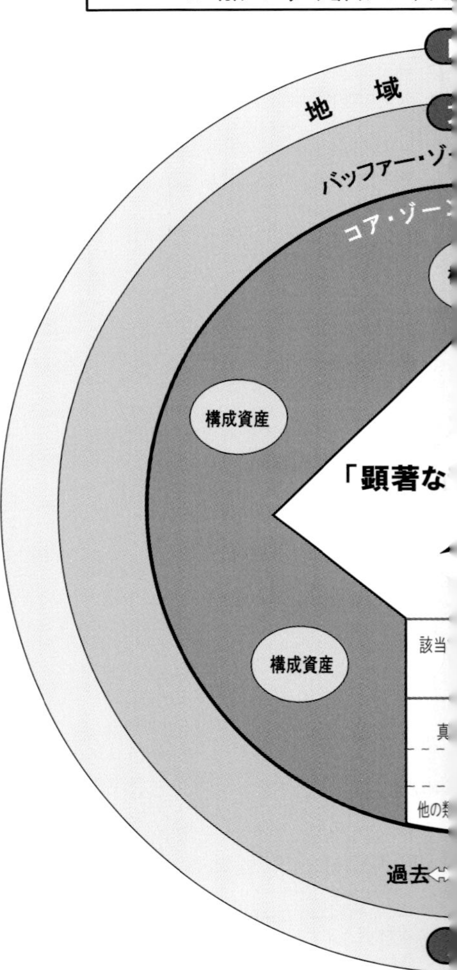

登録遺産名：○○○○○○○○○○
日本語表記：○○○○○○○○○○
位置（経緯度）：北緯○○度○○分 東
登録遺産の説明と概要：○○○○○
○○○○○○○○○

値」の証明について

ersal Value＝OUV）

通した重要性をもつような、傑出した
うな遺産を恒久的に保護することは

ショナル ⇨ グローバル

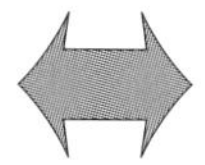

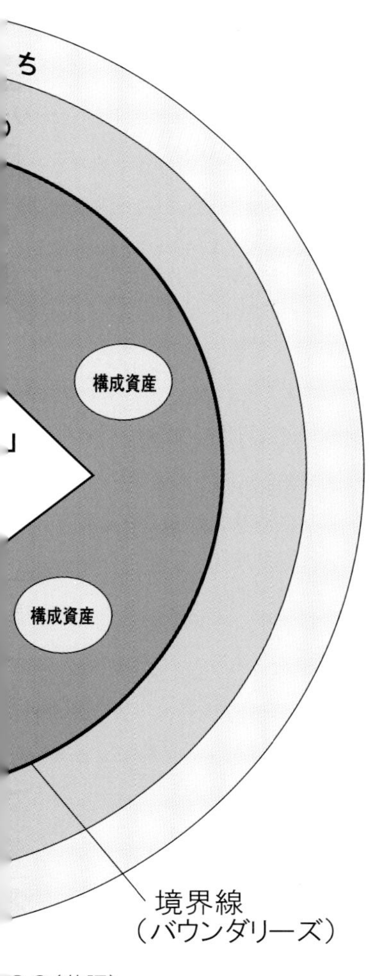

○○（英語）
○○○○
↑
○○○○○○○○○
○○○○○

必要十分条件の証明

必要条件

登録基準（クライテリア）

(i) 人類の創造的天才の傑作を表現するもの。
→人類の創造的天才の傑作

(ii) ある期間を通じて、または、ある文化圏において、建築、技術、記念碑的芸術、町並み計画、景観デザインの発展に関し、人類の価値の重要な交流を示すもの。
→人類の価値の重要な交流を示すもの

(iii) 現存する、または、消滅した文化的伝統、または、文明の、唯一の、または、少なくとも稀な証拠となるもの。
→文化的伝統、文明の稀な証拠

(iv) 人類の歴史上重要な時代を例証する、ある形式の建造物、建築物群、技術の集積、または、景観の顕著な例。
→歴史上、重要な時代を例証する優れた例

(v) 特に、回復困難な変化の影響下で損傷されやすい状態にある場合における、ある文化（または、複数の文化）、或は、環境と人間との相互作用、を代表する伝統的集落、または、土地利用の顕著な例。
→存続が危ぶまれている伝統的集落、土地利用の際立つ例

(vi) 顕著な普遍的な意義を有する出来事、現存する伝統、思想、信仰、または、芸術的、文学的作品と、直接に、または、明白に関連するもの。
→普遍的出来事、伝統、思想、信仰、芸術、文学的作品と関連するもの

(vii) もっともすばらしい自然的現象、または、ひときわすぐれた自然美をもつ地域、及び、美的な重要性を含むもの。**→自然景観**

(viii) 地球の歴史上の主要な段階を示す顕著な見本であるもの。
これには、生物の記録、地形の発達における重要な地学的進行過程、或は、重要な地形的、または、自然地理的特性などが含まれる。
→地形・地質

(ix) 陸上、淡水、沿岸、及び、海洋生態系と動植物群集の進化と発達において、進行しつつある重要な生態学的、生物学的プロセスを示す顕著な見本であるもの。**→生態系**

(x) 生物多様性の本来的保全にとって、もっとも重要かつ意義深い自然生息地を含んでいるもの。これには、科学上、または、保全上の観点から、普遍的価値をもつ絶滅の恐れのある種が存在するものを含む。
→生物多様性

※上記の登録基準(i)～(x)のうち、一つ以上の登録基準を満たすと共に、それぞれの根拠となる説明が必要。

十分条件

真正（真実）性（オーセンティシティ）

文化遺産の種類、その文化的文脈によって一様ではないが、資産の文化的価値（上記の登録基準）が、下に示すような多様な属性における表現において真実かつ信用性を有する場合に、真正性の条件を満たしていると考えられ得る。

○形状、意匠
○材料、材質
○用途、機能
○伝統、技能、管理体制
○位置、セッティング（周辺の環境）
○言語その他の無形遺産
○精神、感性
○その他の内部要素、外部要素

完全性（インテグリティ）

自然遺産及び文化遺産とそれらの特質のすべてが無傷で包含されている度合を測るためのものさしである。従って、完全性の条件を調べるためには、当該資産が以下の条件をどの程度満たしているかを評価する必要がある。

a)「顕著な普遍的価値」が発揮されるのに必要な要素（構成資産）がすべて含まれているか。
b) 当該物件の重要性を示す特徴を不足なく代表するために適切な大きさが確保されているか。
c) 開発及び管理放棄による負の影響を受けていないか。

他の類似物件との比較

当該物件を、国内外の類似の世界遺産、その他の物件と比較した比較分析を行わなければならない。比較分析では、当該物件の国内での重要性及び国際的な重要性について説明しなければならない。

メキシコの世界遺産 概要

世界遺産、世界無形文化遺産、世界の記憶の比較

	世界遺産	世界無形文化遺産	世界の記憶
準拠	世界の文化遺産および自然遺産の保護に関する条約 （略称 ： 世界遺産条約）	無形文化遺産の保護に関する条約 （略称：無形文化遺産保護条約）	メモリー・オブ・ザ・ワールド・プログラム （略称 ： MOW）
採択・開始	1972年	2003年	1992年
目的	かけがえのない遺産をあらゆる脅威や危険から守る為に、その重要性を広く世界に呼びかけ、保護・保全の為の国際協力を推進する。	グローバル化により失われつつある多様な文化を守るため、無形文化遺産尊重の意識を向上させ、その保護に関する国際協力を促進する。	人類の歴史的な文書や記録など、忘却してはならない貴重な記録遺産を登録し、最新のデジタル技術などで保存し、広く公開する。
対象	有形の不動産 （文化遺産、自然遺産）	文化の表現形態 ・口承及び表現 ・芸能 ・社会的慣習、儀式及び祭礼行事 ・自然及び万物に関する知識及び慣習 ・伝統工芸技術	・文書類（手稿、写本、書籍等） ・非文書類（映画、音楽、地図等） ・視聴覚類（映画、写真、ディスク等） ・その他 記念碑、碑文など
登録申請	各締約国（192か国） 2016年8月現在	各締約国（169か国） 2016年8月現在	国、地方自治体、団体、個人など
審議機関	世界遺産委員会 （委員国21か国）	無形文化遺産委員会 （委員国24か国）	ユネスコ事務局長 ↑ 国際諮問委員会
審査評価機関	NGOの専門機関 （ICOMOS, ICCROM, IUCN） 現地調査と書類審査	無形文化遺産委員会の 補助機関 24か国の委員国の中から選出された6か国で構成 諮問機関 6つのNGOと6人の専門家で構成	国際諮問委員会の 補助機関 登録分科会 専門機関 （IFLA, ICA, ICAAA, ICOM などのNGO）
リスト	世界遺産リスト （1052件）	人類の無形文化遺産の代表的なリスト （略称：代表リスト）（336件）	世界の記憶リスト （348件）
登録基準	必要条件 ：10の基準のうち、1つ以上を完全に満たすこと。	必要条件 ： 5つの基準を全て満たすこと。	必要条件 ：5つの基準のうち、1つ以上の世界的な重要性を満たすこと。
危機リスト	危機にさらされている世界遺産リスト （略称：危機遺産リスト）（55件）	緊急に保護する必要がある無形文化遺産のリスト （略称：緊急保護リスト）（43件）	―
基金	世界遺産基金	無形文化遺産保護基金	世界の記憶基金
事務局	ユネスコ世界遺産センター	ユネスコ文化局無形遺産課	ユネスコ情報・コミュニケーション局 知識社会部ユニバーサルアクセス・保存課
指針	オペレーショナル・ガイドラインズ （世界遺産条約履行の為の作業指針）	オペレーショナル・ディレクティブス （無形文化遺産保護条約履行の為の運用指示書）	ジェネラル・ガイドラインズ （記録遺産保護の為の一般指針）
日本の窓口	外務省、文化庁記念物課 環境省、林野庁	外務省、文化庁伝統文化課	文部科学省 日本ユネスコ国内委員会
備考	顕著な普遍的価値	文化の多様性と人類の創造性	人類の歴史的な文書や記録

	世界遺産	世界無形文化遺産	世界の記憶
代表例	＜自然遺産＞ ○ キリマンジャロ国立公園（タンザニア） ○ グレート・バリア・リーフ（オーストラリア） ○ グランド・キャニオン国立公園（米国） ＜文化遺産＞ ● アンコール（カンボジア） ● タージ・マハル（インド） ● 万里の長城（中国） ● モン・サン・ミッシェルとその湾（フランス） ● ローマの歴史地区（イタリア・ヴァチカン） ＜複合遺産＞ ◎ 黄山（中国） ◎ トンガリロ国立公園（ニュージーランド） ◎ マチュ・ピチュの歴史保護区（ペルー） など	▣ジャマ・エル・フナ広場の文化的空間（モロッコ） ▣ベドウィン族の文化空間（ヨルダン） ▣カンボジアの王家の舞踊（カンボジア） ▣ヴェトナムの宮廷音楽、ニャー・ニャック（ヴェトナム） ▣イフガオ族のフドフド詠歌（フィリピン） ▣端午節（中国） ▣江陵端午祭（カンルンタノジュ）（韓国） ▣コルドバのパティオ祭り（スペイン） ▣フランスの美食（フランス） ▣ドゥブロヴニクの守護神聖ブレイズの祝祭（クロアチア） など	◎ アンネ・フランクの日記（オランダ） ◎ ゲーテ・シラー資料館のゲーテの直筆の文学作品（ドイツ） ◎ ブラームスの作品集（オーストリア） ◎ 朝鮮王朝実録（韓国） ◎ 人間と市民の権利の宣言（1789～1791年）（フランス） ◎ 解放闘争の生々しいアーカイヴ・コレクション（南アフリカ） ◎ エレノア・ルーズベルト文書プロジェクトの常設展（米国） ◎ ヴァスコ・ダ・ガマのインドへの最初の航海史1497～1499年（ポルトガル） など
メキシコ関係	（34件） **＜自然遺産＞** ○シアン・カアン ○カリフォルニア湾の諸島と保護地域 ○オオカバマダラ蝶の生物圏保護区 ○エル・ピナカテ／アルタル大砂漠生物圏保護区 ○レヴィリャヒヘド諸島 **＜文化遺産＞** ●メキシコシティーの歴史地区とソチミルコ ●オアハカの歴史地区とモンテ・アルバンの考古学遺跡 ●プエブラの歴史地区 ●パレンケ古代都市と国立公園 ●テオティワカン古代都市 ●古都グアナファトと近隣の鉱山群 ●チチェン・イッツァ古代都市 ●モレリアの歴史地区 ●エル・タヒン古代都市 ●サカテカスの歴史地区 ●サン・フランシスコ山地の岩絵 ●ポポカテペトル山腹の16世紀初頭の修道院群 ●ウシュマル古代都市 ●ケレタロの歴史的建造物地域 ●グアダラハラのオスピシオ・カバニャス ●カサス・グランデスのパキメの考古学地域 ●トラコタルパンの歴史的建造物地域 ●カンペチェの歴史的要塞都市 ●ソチカルコの考古学遺跡ゾーン ●ケレタロ州のシエラ・ゴルダにあるフランシスコ会伝道施設 ●ルイス・バラガン邸と仕事場 ●テキーラ（地方）のリュウゼツランの景観と古代産業設備 ●メキシコ国立自治大学（UNAM）の中央大学都市キャンパス ●サン・ミゲルの保護都市とアトトニルコのナザレのイエス聖域 ●カミノ・レアル・デ・ティエラ・アデントロ ●オアハカの中央渓谷のヤグールとミトラの先史時代の洞窟群 ●テンブレケ神父の水道橋の水利システム **＜複合遺産＞** ◎カンペチェ州、カラクムルの古代マヤ都市と熱帯林保護区	（8件） **＜代表リスト＞** ▣死者に捧げる土着の祭礼 ▣トリマンのオトミ・チチメカ族の記憶と生きた伝統の場所：聖地ペニャ・デ・ベルナル ▣ボラドーレスの儀式 ▣チャパ・デ・コルソの伝統的な1月のパラチコ祭 ▣プレペチャ族の伝統歌ピレクア ▣伝統的なメキシコ料理－真正、伝来、進化するコミュニティ文化、ミチョアカンのパラダイム **＜ベスト保護プラクティス＞** ▣タクサガッケト マクカットラワナ：メキシコの先住民族芸術センターとベラクルス州のトトナック族の無形文化遺産保護への貢献	（12件） ◎テチャロヤン・デ・クアヒマルパの文書 ◎オアハカ渓谷の文書 ◎メキシコ語の発音記号のコレクション ◎忘れられた人々 ◎パラフォクシアナ図書館 ◎アメリカの植民地音楽：豊富な記録の見本 ◎先住民族言語のコレクション ◎メキシコのアシュケナージ（16-20世紀） ◎メキシコ国立公文書館所蔵等の『地図・絵画・イラスト』をもとにした16世紀～18世紀の図柄記録 ◎ヴィスカイナス学院の歴史的アーカイヴの古文書：世界史の中での女性の教育と支援 ◎権利の誕生に関する裁判記録集：1948年の世界人権宣言（UDHR）に対するメキシコの保護請求状の貢献による効果的救済 ◎フレイ・ベルナルディーノ・デ・サアグン（1499～1590年）の作品

メキシコの自然遺産

カリフォルニア湾の諸島と保護地域

2005年登録
2007年、2011年登録範囲の軽微な拡大

写真提供：Mexico Tourism Board／Ricardo Espinosa-reo

シアン・カアン

登録遺産名 **Sian Ka'an**

遺産種別 自然遺産

登録基準
(vii) もっともすばらしい自然的現象、または、ひときわすぐれた自然美をもつ地域、及び、美的な重要性を含むもの。
(x) 生物多様性の本来的保全にとって、もっとも重要かつ意義深い自然生息地を含んでいるもの。これには、科学上、または、保全上の観点から、すぐれて普遍的価値をもつ絶滅の恐れのある種が存在するものを含む。

登録年月 1987年12月（第11回世界遺産委員会パリ会議）

登録遺産の面積 528,000ha

登録物件の概要 シアン・カアンは、ユカタン半島東部沿岸のキンタナ・ロー州に広がる自然保護区。総面積は約5300㎢で、カリブ海大環礁の支脈でもある珊瑚礁、岸辺の広大なラグーン（潟）、背後の熱帯雨林からなる。シアン・カアンは、マヤ語で「天空の根源」を意味する。かつてはこの地域にマヤの集落が存在したが、今は、一部でマヤ系先住民が暮らすだけで、生態的にはほとんど手つかずの自然が残っている。マヤ人が「聖なる泉」としてあがめたセノーテと呼ばれる無数の泉が湧く一帯は、多様な生態系をもち、熱帯多雨林、混交林、沖積地、熱帯草原、海水と淡水とが混じる沼沢地、マングローブ林、砂漠地帯、平坦な島々など多くの植生域に分類されている。ラグーンにはアメリカマナティーやウミガメ、アメリカグンカンドリ、海域にはカワウやペリカン、熱帯林にはベアードバク、オジロジカ、ペッカリー、シロトキなど多種多様な野生動物が生息し、マングローブやマホガニーなど約1200種類もの植物が成育する熱帯雨林の楽園である。1986年に自然保護区に指定されて以来、条例により営利目的の漁労や狩猟や樹木の伐採は厳しく制限されてきているが、保護区に隣接する観光リゾート地カンクンのために、海水が汚染されてきており、自然破壊が問題視されている。

分類 自然景観、生物多様性
生物地理地区 Campechean／Yucatecan
IUCNのカテゴリー II（National Park)

物件所在地 キンタナ・ロー州, Cozumel et Felipe Carrillo Puerto
保護
●生態均衡および環境保護に関する一般法（LGEEPA）
●国設生物圏保護区（1986年）
●MAB生物圏保護区（1986年）
管理
●環境自然資源省
(Secretaria de Medio Ambiente y Recursos Naturales　略称　SEMARNAT)
●国家自然保護区委員会
(Comision Nacional de Areas Naturales Protegidas　略称　CONANP)
●Secretaria de Medio Ambiente, Recursos Naturales y Pesca（SEMARNAP）
利活用 観光、バードウォッチング、カヤッキング

参考URL **http://whc.unesco.org/en/list/410**

シアン・カアン

北緯19度05分～20度06分　西経87度30分～58分

交通アクセス　●トゥルムやカンクンからガイドツアーあり。

エル・ヴィスカイノの鯨保護区

登録遺産名 **Whale Sanctuary of El Vizcaino**

遺産種別 自然遺産

登録基準 (x) 生物多様性の本来的保全にとって、もっとも重要かつ意義深い自然生息地を含んでいるもの。これには、科学上、または、保全上の観点から、すぐれて普遍的価値をもつ絶滅の恐れのある種が存在するものを含む。

登録年月 1993年12月（第17回世界遺産委員会カルタヘナ会議）

登録遺産の面積 369, 631ha

登録物件の概要 エル・ヴィスカイノの鯨保護区は、バハ・カリフォルニア半島のセバスティアン・ヴィスカイノ湾とヴィスカイノ半島の周辺に位置する。エル・ヴィスカイノは、プランクトンなどが豊富な生態系に恵まれた海域で、毎年11月から翌年2月にかけて、北太平洋のベーリング海から長旅をしてきた鯨が姿を現わす。特に、エル・ヴィスカイノの鯨保護区は、巨大なコククジラが交尾と出産を行う貴重な繁殖地として、また、温暖なのでシロナガスクジラなども越冬地としてこの海域に集まるサンクチュアリー(聖域)である。太平洋の沿岸をゆったりと遊泳する親子クジラの雄姿が見られる。また、エル・ヴィスカイノの鯨保護区は、コククジラのほかゾウアザラシ、アオウミガメ、タイマイなど、IUCN(国際自然保護連合)のレッド・データブックの絶滅の危機にさらされている種も生息する貴重な海域である。近年、ホエール・ウオッチングの観光客の増加などにより、海水汚染などの環境悪化が懸念されている。また、日本企業がこの地に計画している製塩工場の建設について、メキシコ、米国などのNGO(非政府機関)が、環境汚染の恐れが生じるという理由から反対運動を展開、世界遺産委員会京都会議でも議論に上った。エル・ヴィスカイノに行くには、ゲレロ・ネグロ、或は、ラ・パスが拠点となる。

分類 自然保護区、鯨保護区、生物圏保護区
生物地理地区 Sonoran
IUCNのカテゴリー V（National Biosphere Reserve）
動物 コククジラ、シロナガスクジラ、ゾウアザラシ、アオウミガメ、タイマイ
植物 マングローブ
物件所在地 Direccion General de Aprovechamiento Ecologico de los Recursos Naturales. Rio Elba 20 piso 10, Col. Cuantemoc. C.P. 06500, Mexico, D.F Mexico
TEL5-286-92-76/553-94-62; Fax 5-553-90-73
Instituto Nacional De Ecologia. Rio Elba No. 20, piso 16, Col. Cuantemoc. C.P. 06500, Mexico, D.F Mexico
TEL5-553-95-38/48 and 553-96-47
土地所有 Laguna Ojo de Liebre: 国 40%, 自治体 50% 民間 10%
Laguna San Ignacio: 国 80%, 自治体 20%
保護
- 生態均衡および環境保護に関する一般法(LGEEPA)
- Laguna Ojo de Liebre a marine refuge zone for whales（1980年3月28日）
- Laguna Ojo de Liebre and San Ignacio as a refuge zone for migratory birds and wildlife（1979年7月16日）
- El Vizcaino Biosphere Reserve（1988年） ●Biosphere Reserve（1993年）

管理
- 環境自然資源省
（Secretaria de Medio Ambiente y Recursos Naturales 略称 SEMARNAT）
- 国家自然保護区委員会
（Comision Nacional de Areas Naturales Protegidas 略称 CONANP）

利活用 ホエール・ウオッチング
脅威 開発や石油の掘削
参考URL **http://whc.unesco.org/en/list/554**

コククジラ

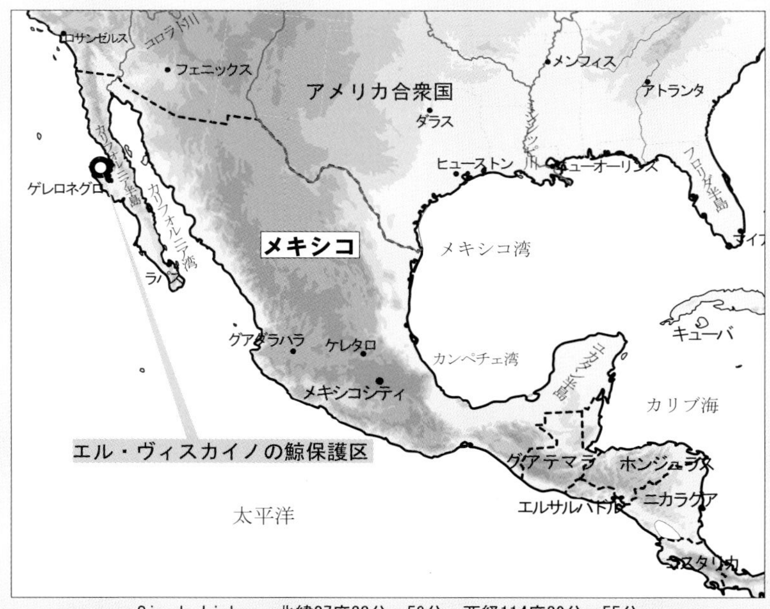

Ojo de Liebre　北緯27度23分～59分　西経114度30分～55分
San Ignacio　北緯26度25分～27分　西経112度48分～113度17分

交通アクセス
- ●メキシコ国内からはゲレロ・ネグロまで飛行機
- ●ロサンゼルスからはラパスまで飛行機。ラパスから車

カリフォルニア湾の諸島と保護地域

登録遺産名　**Islands and Protected Areas of the Gulf of California**

遺産種別　自然遺産

登録基準
(vii) もっともすばらしい自然的現象、または、ひときわすぐれた自然美をもつ地域、及び、美的な重要性を含むもの。
(ix) 陸上、淡水、沿岸、及び、海洋生態系と動植物群集の進化と発達において、進行しつつある重要な生態学的、生物学的プロセスを示す顕著な見本であるもの。
(x) 生物多様性の本来的保全にとって、もっとも重要かつ意義深い自然生息地を含んでいるもの。これには、科学上、または、保全上の観点から、すぐれて普遍的価値をもつ絶滅の恐れのある種が存在するものを含む。

登録年月
2005年7月（第29回世界遺産委員会ダーバン会議）
2007年7月（第31回世界遺産委員会クライスト・チャーチ会議）登録範囲の軽微な拡大
2011年6月（第35回世界遺産委員会パリ会議）登録範囲の軽微な拡大

登録遺産の面積　688, 558ha　バッファー・ゾーン　1, 210, 477ha

登録物件の概要　カリフォルニア湾の諸島と保護地域は、メキシコ北部、カリフォルニア半島とメキシコ本土に囲まれた半閉鎖性海域のカリフォルニア湾の240以上の島々と9か所の保護地域からなる。コロラド川河口からトレス・マリアス諸島に至るこの地域は、多様な海洋生物が豊富に生息し、また独特の地形と美しい自然景観を誇る。また、カリフォルニア湾内の島々は、オグロカモメ、アメリカオオアジサシなどの海鳥の重要な繁殖場として機能しているほか、カリフォルニア・アシカ、クジラ、イルカ、シャチ、ゾウアザラシなど海棲哺乳類の回遊の場になっている。このほかにも、北部にはコガシラネズミイルカなどの絶滅危惧種など多くの固有種が生息している。漁業による生態系への影響が深刻で、生態系と生物多様性の保護が求められている。

分類　自然景観、生態系、生物多様性
IUCNのカテゴリー　II（国立公園）　VI（資源管理保護地域）
動物　オグロカモメ、アメリカオオアジサシ、カリフォルニア・アシカ、クジラ、イルカ、シャチ、ゾウアザラシ

物件所在地　バハ・カリフォルニア州、バハ・カリフォルニア・スル州、ソノラ州、シナロア州、ナヤリット州
構成資産　●カリフォルニア湾の諸島　●アッパー・カリフォルニア湾ーコロラド川三角州(海域)
●サンペドロ・マルティル島　●エル・ヴィスカイノ(カリフォルニア湾の海洋・海岸ベルト)
●バイーア・デ・ロレト　●カボ・プルモ　●カボ・サンルカス　●マリアス諸島　●イサベル島
●サン・ロレンソ群島　●マリエタス島　●バランドラ生態保護ゾーン

保護　●生態均衡および環境保護に関する一般法(LGEEPA)
●アッパー・カリフォルニア湾ーコロラド川三角州生物圏保護区　●カリフォルニア湾の諸島動植物保護区　●サンペドロ・マルティル生物圏保護区　●エル・ヴィスカイノ生物圏保護区
●バイーア・デ・ロレト国立公園　●カボ・プルモ国立公園　●カボ・サンルカス動植物保護区
●マリアス諸島生物圏保護区　●イサベル島国立公園
管理　●環境自然資源省
(Secretaria de Medio Ambiente y Recursos Naturales　略称　SEMARNAT)
●国家自然保護区委員会
(Comision Nacional de Areas Naturales Protegidas　略称　CONANP)
利活用　ダイビング、ホエール・ウォッチング、スポーツ・フィッシング

参考URL　**http://whc.unesco.org/en/list/1182**

サンルカス岬にあるアーチ形の天然奇岩エル・アルコ

北緯27度37分36秒　西経112度32分44秒

交通アクセス　●カリフォルニア半島突端のロスカボスへは、
メキシコシティから飛行機で2.5～3時間で、ロスカボス国際空港へ。
サンホセ・デル・カボまではバスで約20分。サン・ルカスまではバスで約1時間

オオカバマダラ蝶の生物圏保護区

登録遺産名　**Monarch Butterfly Biosphere Reserve**

遺産種別　自然遺産

登録基準　(vii) もっともすばらしい自然的現象、または、ひときわすぐれた自然美をもつ地域、及び、美的な重要性を含むもの。

登録年月　2008年 7月（第32回世界遺産委員会ケベック会議）

登録遺産の面積　13, 552ha　バッファー・ゾーン　42, 707ha

登録物件の概要　オオカバマダラ蝶(モナルカ蝶)の生物圏保護区は、メキシコ中央部、メキシコ・シティの北西約100kmの山岳高山地帯の森林保護区の一帯に位置し、56259haが生物圏保護区である。毎年秋には北アメリカの各方面から何百万、何億の美しいオオカバマダラ蝶が戻り、森林保護区のごく限られた地域に群生する。その為オヤメルと呼ばれるメキシコ特有のモミの木々がオレンジ色に変わって美しい自然景観を呈し、群集する重さで枝が曲がる程である。オオカバマダラ蝶は、春には米国の東部やカナダの南部方面へ8か月もの間、移動する。この間、四世代のオオカバマダラ蝶が生まれては死ぬ。オオカバマダラ蝶は、最初で最後の一回限りの渡りをし、翌年に舞い戻るオオカバマダラ蝶は、その孫やひ孫である。冬には南方へ渡るものと思われるが、彼らは何処で、どの様に越冬するのか、そして再び、この地にどの様にして舞い戻ってくるのかは謎のままである。オオカバマダラの生息地が減少しつつあり、メキシコの大統領は、1986年、オオカバマダラ蝶の生物圏の保護の為に5か所の保護区を設定した。

分類　自然景観
IUCNのカテゴリー　不適用

物件所在地　ミチョアカン州、メヒコ州
構成資産
- ●セロ・アルタミラノ
- ●チンクアーカンパナリオーチヴァティーウァカル
- ●セロ・ペロン

保護　●生態均衡および環境保護に関する一般法(LGEEPA)
管理　●環境自然資源省
(Secretaria de Medio Ambiente y Recursos Naturales　略称 SEMARNAT)
●国家自然保護区委員会
(Comision Nacional de Areas Naturales Protegidas 略称 CONANP)
利活用　観光、レクリエーション

課題　オオカバマダラ蝶の個体数の大幅な減少が深刻化、絶滅も危惧されている。
世界遺産を取り巻く危険や脅威　●森林火災　●観光圧力

備考　第39回世界遺産委員会ボン会議で、保護管理状況が報告された。

参考URL　**http://whc.unesco.org/en/list/1290**

オオカバマダラ蝶の群集

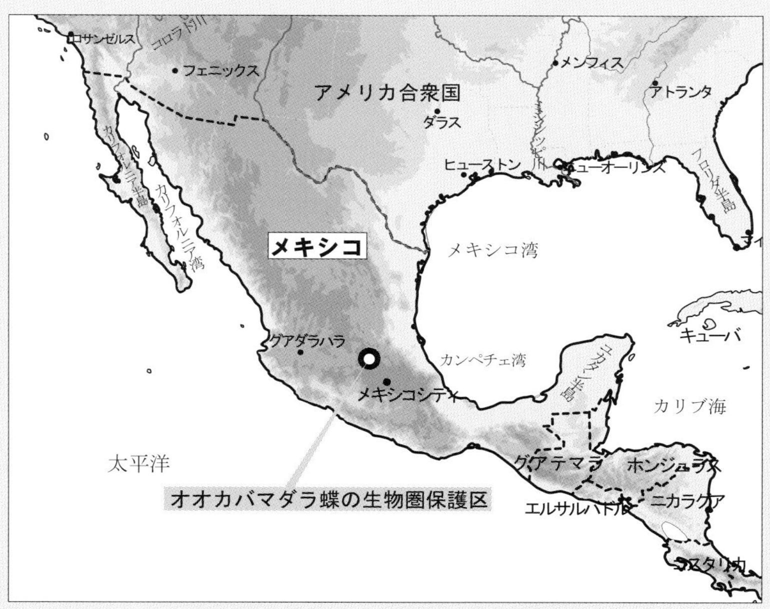

北緯19度36分23秒　西経100度14分30秒

交通アクセス　●オオカバマダラ蝶の生息するアグアンゲオの森へは、モレリアからツアーが出ている。（11月末〜3月中旬）

エル・ピナカテ／アルタル大砂漠生物圏保護区

登録遺産名 El Pinacate and Gran Desierto de Altar Biosphere Reserve

遺産種別 自然遺産

登録基準 (vii) もっともすばらしい自然的現象、または、ひときわすぐれた自然美をもつ地域、及び、美的な重要性を含むもの。
(viii) 地球の歴史上の主要な段階を示す顕著な見本であるもの。これには、生物の記録、地形の発達における重要な地学的進行過程、或は、重要な地形的、または、自然地理的特性などが含まれる。
(x) 生物多様性の本来的保全にとって、もっとも重要かつ意義深い自然生息地を含んでいるもの。これには、科学上、または、保全上の観点から、すぐれて普遍的価値をもつ絶滅の恐れのある種が存在するものを含む。

登録年月 2013年 6月（第37回世界遺産委員会プノンペン会議）

登録遺産の面積 714,566ha　バッファー・ゾーン　354,871ha

登録物件の概要 エル・ピナカテ／アルタル大砂漠生物圏保護区（EPGDABR）は、メキシコの北西部、ソノラ州のソノラ砂漠にある国立生物圏保護区で、コア・ゾーンの面積が714,566ha、東、南、西の周囲のバッファー・ゾーンは354,871haである。ソノラ砂漠は、北米四大砂漠（チワワ砂漠、グレートベースン砂漠、モハベ砂漠）の一つである。エル・ピナカテ／アルタル大砂漠生物圏保護区は、東西の2つの部分からなる。一つは、東側の赤黒く固まった溶岩流と砂漠で形成されたエル・ピナカテ休火山の楯状地である。エル・エレガンテ・クレーターなど大きな円形の火山のクレーターがある。もう一つは、西側のソノラ砂漠の主要部分の一つであるアルタル大砂漠である。アルタル大砂漠には、高さが200mにも達する北米で唯一の変化に富み砂模様が美しい移動砂丘地帯がある。エル・ピナカテ／アルタル大砂漠生物圏保護区は、これらのドラマチックで対照的な自然景観、グレーター・ソノラ砂漠保護生態系、それに、固有種のソノラ・プロングホーンなどの動物、オオハシラサボテン（現地名サワロ）などの植物など生物多様性が特色である。

分類 自然景観、地形・地質、生物多様性
IUCNのカテゴリー V（景観保護地域）
動物 ソノラ・プロングホーン、ピナカテ・ビートル
植物 オオハシラサボテン（現地名サワロ）
物件所在地 ソノラ州

保護 ●生態均衡および環境保護に関する一般法（LGEEPA）
●エル・ピナカテ／アルタル大砂漠生物圏保護区（EPGDABR）
管理 ●環境自然資源省
（Secretaria de Medio Ambiente y Recursos Naturales　略称　SEMARNAT）
●国家自然保護区委員会
（Comision Nacional de Areas Naturales Protegidas　略称　CONANP）
利活用 見学
●CEDO研究センター　TEL (638) 382-0113
（プエルト・ペニャスコにあり、地形・生態系を解説した展示物がある。）

参考URL ユネスコ世界遺産センター　**http://whc.unesco.org/en/list/1410**
CEDO研究センター　**http://cedointercultural.org**

アルタル砂漠からピナカテ休火山を望む

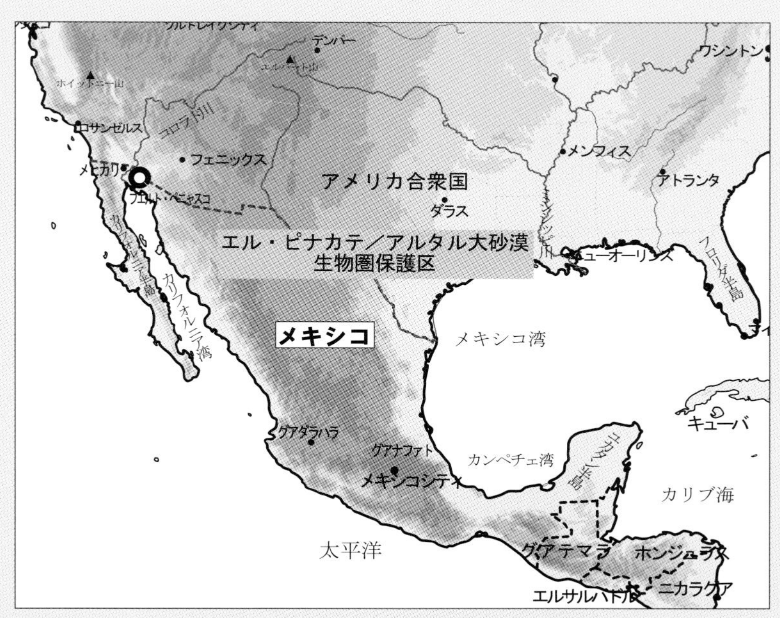

北緯32度0分　西経113度55分

交通アクセス　●プエルト・ペニャスコのCEDO研究センターから不定期でガイド付きの一日ツアーあり。

レヴィリャヒヘド諸島

登録遺産名　**Archipiélago de Revillagigedo**

遺産種別　自然遺産

登録基準
(vii) もっともすばらしい自然的現象、または、ひときわすぐれた自然美をもつ地域、及び、美的な重要性を含むもの。
(ix) 陸上、淡水、沿岸、及び、海洋生態系と動植物群集の進化と発達において、進行しつつある重要な生態学的、生物学的プロセスを示す顕著な見本であるもの。
(x) 生物多様性の本来的保全にとって、もっとも重要かつ意義深い自然生息地を含んでいるもの。これには、科学上、または、保全上の観点から、すぐれて普遍的価値をもつ絶滅の恐れのある種が存在するものを含む。

登録年月　2016年7月（第40回世界遺産委員会イスタンブール会議）

登録遺産の面積　636, 684ha　バッファー・ゾーン　14, 186, 420ha

登録物件の概要　レヴィリャヒヘド諸島はメキシコの南西部、太平洋に面するコリマ州マンサニージョ市に属し、バハカリフォルニア半島南端のサンルカス岬の南西の太平洋上にある。火山やそれが生み出す地形と周囲の海が織りなす自然景観、地形・地質および希少な海鳥を含む生態系、生物多様性などが評価された。世界遺産の登録面積は、636, 685ha、バッファー・ゾーンは、14, 186, 420haである。レヴィリャヒヘド諸島の構成資産は、サンベネディクト島、ソコロ島、ロカパルティダ島、クラリオン島の4つの火山島や岩礁からなる。有人島であるソコロ島は、メキシコのガラパゴスとして知られ、巨大マンタやザトウクジラが見られる。

分類　自然景観、生態系、生物多様性
生物地理地区　Northeastern Pacific
IUCNのカテゴリー　Ia　厳正保護地域（Strict Nature Reserve）
VI 資源管理保護地域（Managed Resource Protected Area）
動物　巨大マンタ、ザトウクジラ、ホオジロザメ、ジンベイザメ、
アカハシネッタイチョウ、アメリカグンカンドリなどの海鳥

物件所在地　コリマ州マンサニージョ市
構成資産　●サンベネディクト島　●ソコロ島　●ロカパルティダ島　●クラリオン島
保護　●生物圏保護区（1994年指定）
●ラムサール条約登録湿地（2004年指定）
●生態均衡および環境保護に関する一般法（LGEEPA）
管理　●環境自然資源省
(Secretaria de Medio Ambiente y Recursos Naturales　略称　SEMARNAT)
●国家自然保護区委員会
(Comision Nacional de Areas Naturales Protegidas　略称　CONANP)
利活用　ダイビング

世界遺産を取り巻く危険や脅威
●ソコロ島の海軍基地（演習）
●豚、羊、ウサギ、猫、ネズミなどの侵略的動物

参考URL　**http://whc.unesco.org/en/list/1510**

メキシコのガラパゴスと呼ばれるソコロ島の海岸線

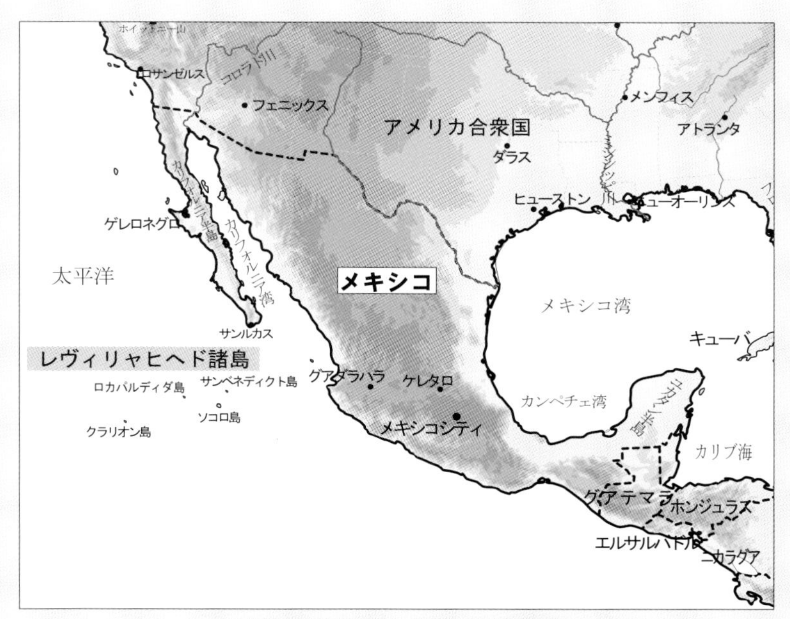

北緯18度47分17秒　西経110度58分31秒

交通アクセス　●ロス・カボス(サン・ルカス)(バハ・カリフォルニア・スル州)から船。

メキシコの文化遺産

テオティワカン古代都市

1987年登録

写真：月のピラミッド　古田陽久撮影

メキシコシティーの歴史地区とソチミルコ

登録遺産名　**Historic Centre of Mexico City and Xochimilco**

遺産種別　文化遺産

登録基準
(ii) ある期間を通じて、または、ある文化圏において、建築、技術、記念碑的芸術、町並み計画、景観デザインの発展に関し、人類の価値の重要な交流を示すもの。
(iii) 現存する、または、消滅した文化的伝統、または、文明の、唯一の、または、少なくとも稀な証拠となるもの。
(iv) 人類の歴史上重要な時代を例証する、ある形式の建造物、建築物群、技術の集積、または、景観の顕著な例。
(v) 特に、回復困難な変化の影響下で損傷されやすい状態にある場合における、ある文化（または、複数の文化）或は、環境と人間の相互作用、を代表する伝統的集落、または、土地利用の顕著な例。

登録年月　1987年12月（第11回世界遺産委員会パリ会議）

登録遺産の面積　—　　バッファー・ゾーン　—

登録物件の概要　メキシコシティーは、メキシコ高原の最南端にあるメキシコの首都。アステカ帝国がスペインの征服者エルナン・コルテス(1485〜1547年)に敗れた1521年以降に建設が始まった。カテドラル(1573年起工 1813年竣工)、コルテス宮殿、アラメダ公園などの遺産がソカロ広場(憲法広場)に残る。ソチミルコは、メキシコシティーの南12kmにある14〜16世紀にアステカ民族が住んでいた運河の町。テスココ湖の湖畔にチナンパ(浮遊菜園)で、野菜、果樹、花の耕作を行う浮島が造られていたことで知られる。ソチミルコは「花畑」の意で、迷路状の運河を行き交う小舟で、花や食物、土産物が売られ、観光客も独特の遊覧船で水上庭園を楽しんでいる。

分類　建造物群、モニュメント
年代　14〜16世紀
物件所在地　メキシコシティ(首都)、ソチミルコ地区

保護　●文化財保護法（1972年）
管理　●国立人類学・歴史学研究所
（Instituto Nacional de Antropologia e Historia 略称 INAH）
利活用　観光、博物館
博物館　国立人類学博物館（Museo Nacional de Antropoloqia）

見所　●カテドラル　●コルテス宮殿　●アラメダ公園　●ソカロ広場（憲法広場）
●ソチミルコの運河　●三文化広場
ゆかりの人物　エルナン・コルテス（1485〜1547年）

備考　●登録範囲の設定が必要

参考URL
http://whc.unesco.org/en/list/412
http://patrimonio-mexico.inah.gob.mx/www/

地下から目覚めたアステカ帝国の都

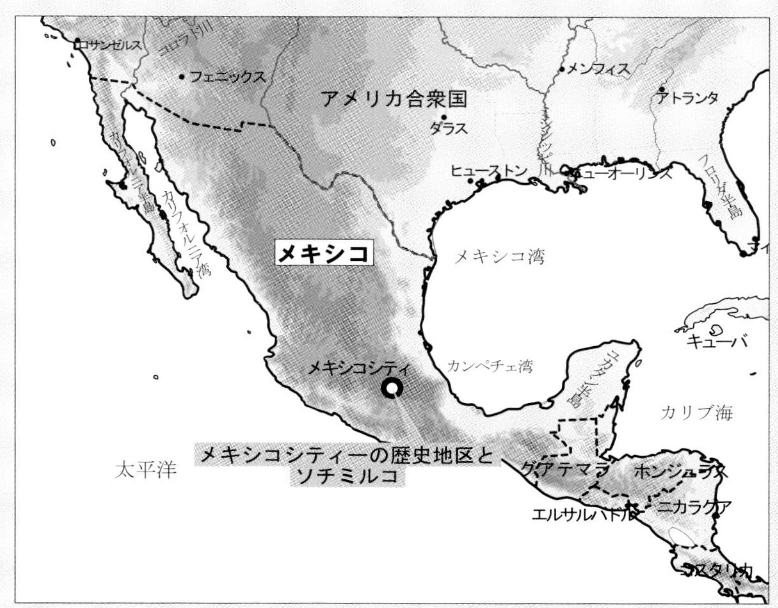

メキシコシティ　北緯19度25分　西経99度7分　高度2485m

交通アクセス　●ベニトファレス国際空港から市内まで車で30分。
●ソチミルコまでは地下鉄と車で。

オアハカの歴史地区とモンテ・アルバンの考古学遺跡

登録遺産名　**Historic Centre of Oaxaca and Archaeological Site of Monte Albán**

遺産種別　文化遺産

登録基準
(i) 人類の創造的天才の傑作を表現するもの。
(ii) ある期間を通じて、または、ある文化圏において、建築、技術、記念碑的芸術、町並み計画、景観デザインの発展に関し、人類の価値の重要な交流を示すもの。
(iii) 現存する、または、消滅した文化的伝統、または、文明の、唯一の、または、少なくとも稀な証拠となるもの。
(iv) 人類の歴史上重要な時代を例証する、ある形式の建造物、建築物群、技術の集積、または、景観の顕著な例。

登録年月　1987年12月（第11回世界遺産委員会パリ会議）

登録遺産の面積　375 ha　　バッファー・ゾーン　121 ha

登録物件の概要　オアハカは、メキシコ南部、メキシコ・シティの南東550kmの高原にある歴史都市で、正式名は、オアハカデファレスという。1486年に建設され、1521年にスペインに征服された。オアハカには、スペイン統治期の16～18世紀の美しい町並み、ソカロ広場やファレス広場、アラメダ公園、コロニア風の建物-黄金に輝くサント・ドミンゴ教会、大聖堂、修道院などが残る。モンテ·アルバンは、オアハカの南西10kmの丘陵にあり、紀元前より栄えたサポテカ民族の宗教都市であった。モンテ·アルバンは、サポテカ語で、「聖なる山」という意味。モンテ·アルバンには、5～6世紀の最盛期のピラミッド型の神殿、モンテ·アルバン宮殿、「マウンド」と呼ばれる天文台、球戯場など中央アメリカ最古の遺跡が残っており、サポテカ期の土偶や石版などが出土している。尚、オアハカ渓谷の写本は、世界記憶遺産に登録されており、メキシコ国立公文書館(メキシコ・シティ)に収蔵されている。

分類　遺跡、歴史都市
年代　〈オアハカ〉　15世紀～
〈モンテ・アルバン〉　5～6世紀（最盛期）
物件所在地　オアハカ州オアハカ（州都　人口　約21万人）

保護　●文化財保護法（1972年）
管理　●国立人類学・歴史学研究所
（Instituto Nacional de Antropologia e Historia 略称 INAH）
管理　Instituto Nacional de Antropologia e Historia（INAH）
利活用　観光、博物館
見所　〈オアハカ〉　美しい町並み、ソカロ広場やファレス広場、アラメダ公園、コロニア風の建物-黄金に輝くサント・ドミンゴ教会、大聖堂、修道院
〈モンテアルバン〉　ピラミッド型の神殿、モンテ·アルバン宮殿、天文台、球戯場
博物館　●オアハカ地方博物館
●モンテアルバン遺跡博物館

参考URL　**http://whc.unesco.org/en/list/415**
http://patrimonio-mexico.inah.gob.mx/www/

モンテ・アルバンの考古学遺跡

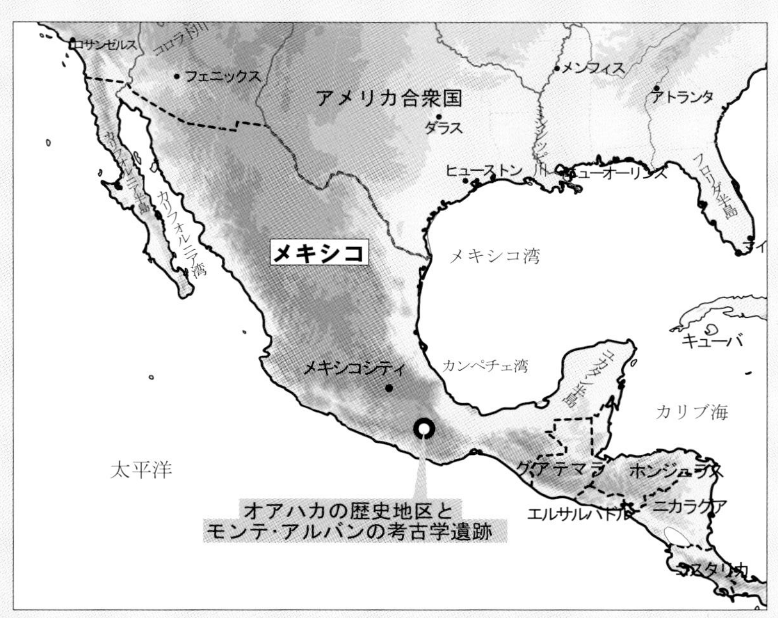

オアハカ　北緯17度3分　西経96度43分

交通アクセス　●オアハカ市内へはオアハカ空港から車。
●モンテ・アルバン遺跡は、オアハカ市内から車で約20分。

メキシコの文化遺産

プエブラの歴史地区

登録遺産名　**Historic Centre of Puebla**

遺産種別　**文化遺産**

登録基準
(ii) ある期間を通じて、または、ある文化圏において、建築、技術、記念碑的芸術、町並み計画、景観デザインの発展に関し、人類の価値の重要な交流を示すもの。
(iv) 人類の歴史上重要な時代を例証する、ある形式の建造物、建築物群、技術の集積、または、景観の顕著な例。

登録年月　1987年12月（第11回世界遺産委員会パリ会議）

登録遺産の面積　690 ha

登録物件の概要　プエブラは、メキシコ・シティから133km、メキシコ中央部のマリンチェ火山の南西麓にあり、古くから首都のメキシコ・シティと海岸のベラクルスとを結ぶ交通の要衝として繁栄した。1532年にキリスト教のフランシスコ会の宣教団によって建設され、スペイン風の町となった。ソカロ(中央広場)にある縞瑪瑙(メノウ)、大理石、金などで内部を飾った大聖堂、サント・ドミンゴ教会に付属する黄金の内部装飾で知られるロサリオ礼拝堂、赤、青、黄、白などのタイルで覆われたバロック風のカサ・デル・アルフエニケ(「砂糖菓子の家」という意味)など中世の豪華な建物が残されている。1973年8月の地震により大きな被害を受けた。プエブラは、プエブラ州の州都で、正式名称は、プエブラ・デ・サラゴサ(Puebla de Zaragoza)。

分類　建造物群

物件所在地　プエブラ州プエブラ

保護　●文化財保護法（1972年）
管理　●国立人類学・歴史学研究所
（Instituto Nacional de Antropologia e Historia 略称 INAH）

利活用　観光
●カテドラル　入場　10:00～12:30　16:00～18:00
●サント・ドミンゴ教会　入場　8:00～13:00　16:00～18:00（火～日）
ロサリオ礼拝堂　9:00～12:15　16:00～18:00
●砂糖菓子の家　入場　10:00～17:00（火～日）
入場料　M$35　TEL (222) 232-0458

備考　●コア・ゾーンとバッファー・ゾーンの境界の設定が必要。

参考URL　**http://whc.unesco.org/en/list/416**
http://patrimonio-mexico.inah.gob.mx/www/

メキシコの文化遺産

サント・ドミンゴ教会に付属する黄金の内部装飾で知られるロザリオ礼拝堂

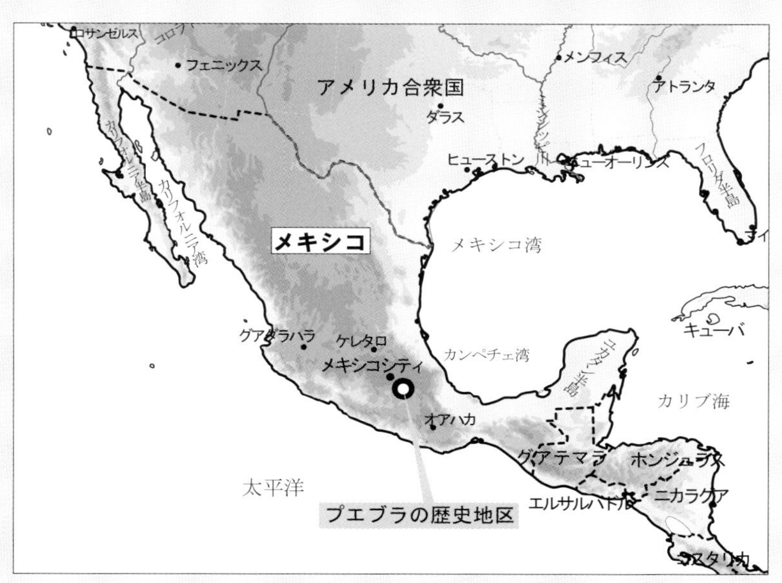

北緯19度2分50秒　西経98度12分30秒

交通アクセス　●メキシコシティからバスで2～2.5時間。

パレンケ古代都市と国立公園

登録遺産名 **Pre-Hispanic City and National Park of Palenque**

遺産種別 文化遺産

登録基準
(i) 人類の創造的天才の傑作を表現するもの。
(ii) ある期間を通じて、または、ある文化圏において、建築、技術、記念碑的芸術、町並み計画、景観デザインの発展に関し、人類の価値の重要な交流を示すもの。
(iii) 現存する、または、消滅した文化的伝統、または、文明の、唯一の、または、少なくとも稀な証拠となるもの。
(iv) 人類の歴史上重要な時代を例証する、ある形式の建造物、建築物群、技術の集積、または、景観の顕著な例。

登録年月 1987年12月（第11回世界遺産委員会パリ会議）

登録遺産の面積 1, 772 ha

登録物件の概要 パレンケ古代都市と国立公園は、メキシコ東部チアパス州チアパス山脈の中腹、ユカタン半島の付け根部分にある古代マヤ文明の後期の遺跡と国立公園。18世紀中頃メキシコの考古学者A. ルスらが4年がかりで発掘した。1952年の調査で「碑銘の神殿」の地下王墓から発見されたヒスイの仮面や装身具によって、マヤ文明はその水準の高さを認知された。神殿地下にはパカル王(603～683年)の墓があり、600以上の碑文字が刻みこまれている。2世紀にわたるパレンケ王家の歴史がマヤ文字でつづられ、マヤ文明研究の重要な資料となっている。その他宮殿や太陽の神殿、十字架の神殿などが残る。7世紀に頂点を極め、9世紀に放棄された。

分類 遺跡

物件所在地 チアパス州

保護 ●文化財保護法（1972年）
管理 ●国立人類学・歴史学研究所
（Instituto Nacional de Antropologia e Historia 略称 INAH）
利活用 遺跡観光
遺跡公開時間　8:00～17:00　　入場料M$59＋自然保護区入域料M$5927

見所
●宮殿
●碑銘の神殿
●頭蓋骨の神殿
●太陽の神殿
●十字架の神殿

備考 ●コア・ゾーンとバッファー・ゾーンの境界の設定が必要。

参考URL
http://whc.unesco.org/en/list/411
http://patrimonio-mexico.inah.gob.mx/www/

パレンケ古代都市　十字架の神殿から遺跡全体を望む

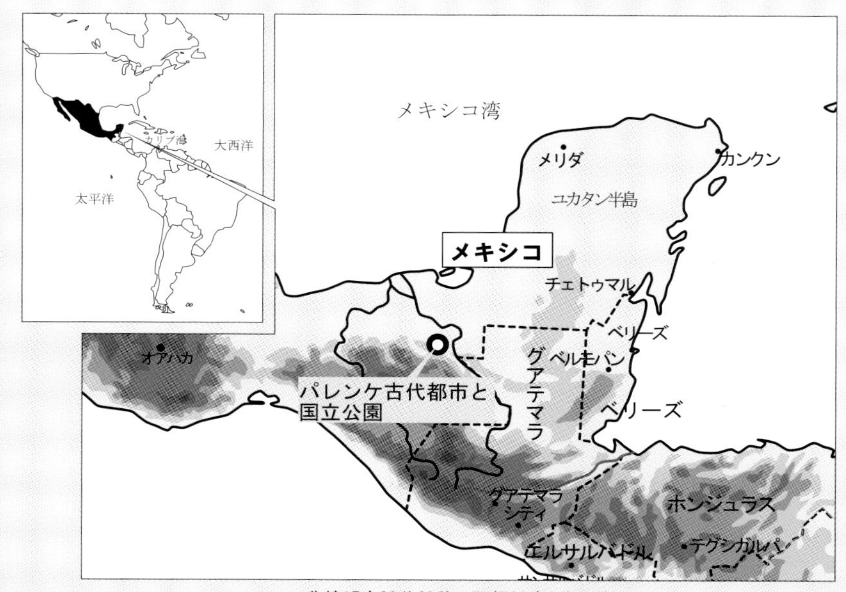

北緯17度28分60秒　西経92度2分60秒

交通アクセス　●メキシコシティから飛行機でビジャエルモッサ空港まで。
そこからバスでパレンケまで2～2.5時間。
遺跡へは、ミニバスかツアーで。

テオティワカン古代都市

登録遺産名　**Pre-Hispanic City of Teotihuacan**

遺産種別　文化遺産

登録基準
(i) 人類の創造的天才の傑作を表現するもの。
(ii) ある期間を通じて、または、ある文化圏において、建築、技術、記念碑的芸術、町並み計画、景観デザインの発展に関し、人類の価値の重要な交流を示すもの。
(iii) 現存する、または、消滅した文化的伝統、または、文明の、唯一の、または、少なくとも稀な証拠となるもの。
(iv) 人類の歴史上重要な時代を例証する、ある形式の建造物、建築物群、技術の集積、または、景観の顕著な例。
(vi) 顕著な普遍的な意義を有する出来事、現存する伝統、思想、信仰、または、芸術的、文学的作品と、直接に、または、明白に関連するもの。

登録年月　1987年12月（第11回世界遺産委員会パリ会議）

登録遺産の面積　3, 382 ha

登録物件の概要　テオティワカンは、メキシコシティの北部50kmにあるメキシコ最初の文明の発祥地。紀元前500年頃から紀元後700年頃までメキシコ高原地帯で栄えた。その影響は、南北アメリカ大陸の他の文明都市や後のマヤ、アステカといった中央アメリカを代表する古代文明にまで及んだ。テオティワカンは「神々の集まる場所-神々の座-」の意。南北3km、幅50mの「死者の大通り」を中心に「太陽のピラミッド」と「月のピラミッド」と名付けられた2基のピラミッド、その他「ケツェルパパロトルの宮殿」や「羽毛の生えた蛇神殿」などがある町は、壁画や彫刻で装飾された宗教都市であった。ピラミッドは、日干し煉瓦の表面に火山岩をはりつけて形を整え石灰で上塗りをし、その表面に赤色塗料を塗った、エジプトのものとはまた違う光彩を持った鮮やかなものであった。エジプトのような王墓としてではなく、宇宙の象徴、生命の核心の象徴として造られたといわれている。高度な建築技術で造られた建造物と、それを彩る華麗な壁画や、鮮やかな色の土器が目を引く。

分類　遺跡
年代　紀元前500年頃～紀元後700年頃

物件所在地　メキシコ州テオティワカン

保護　●文化財保護法（1972年）
管理　●国立人類学・歴史学研究所
（Instituto Nacional de Antropologia e Historia 略称 INAH）
利活用　観光、博物館
遺跡入場　7:00～17:00　入場料　M$59（ビデオカメラ　M$45）
見所　●太陽のピラミッド
●月のピラミッド
●死者の道
博物館　テオティワカン・シティオ博物館
テオティワカン壁画博物館

備考　●コア・ゾーンとバッファー・ゾーンの境界の設定が必要。
参考URL　**http://whc.unesco.org/en/list/414**
http://patrimonio-mexico.inah.gob.mx/www/

太陽のピラミッド

北緯19度41分　西経98度50分

交通アクセス　●メキシコシティからバスで約1時間。

古都グアナフアトと近隣の鉱山群

登録遺産名　**Historic Town of Guanajuato and Adjacent Mines**

遺産種別　文化遺産

登録基準
(i) 人類の創造的天才の傑作を表現するもの。
(ii) ある期間を通じて、または、ある文化圏において、建築、技術、記念碑的芸術、町並み計画、景観デザインの発展に関し、人類の価値の重要な交流を示すもの。
(iv) 人類の歴史上重要な時代を例証する、ある形式の建造物、建築物群、技術の集積、または、景観の顕著な例。
(vi) 顕著な普遍的な意義を有する出来事、現存する伝統、思想、信仰、または、芸術的、文学的作品と、直接に、または、明白に関連するもの。

登録年月　1988年12月（第12回世界遺産委員会ブラジリア会議）

登録遺産の面積　2, 163 ha

登録物件の概要　古都グアナファトは、メキシコ中央部、標高2000mの谷間にあるグアナファト州の州都。地名のグアナフアトは、先住民族タラスカ族のタラスカ語の「カエルがいる場所」が語源である。グアナファトは、1554年にスペイン植民都市として建設され、1558年に発見されたバレンシア銀山の開発とともに発展し、最盛期には人口10万人を記録した。グアナファトには、18世紀初頭まで世界の銀の25%を生産したバレンシア銀山の廃坑、金箔を多用したラ・コンパーニア教会、バロック様式のバレンシアーナ教会、また1732年にイエズス会の学校として創立されたグアナファト大学など往時の繁栄を物語る歴史遺産が数多く残っている。この町の過去は、スペイン植民地時代の美しいコロニアル建築だけではなく、地下600mの銀の坑道や坑道を利用した地下道を見るとわかる。原住民の鉱山労働者で、メキシコ独立革命時(1810～1821年)に決起した英雄ピピラの記念像が建っているピピラの丘からは、グアナファト市内を一望できる。

分類　遺跡、建造物群
年代　16世紀～

物件所在地　グアナファト州グアナファト（州都　人口 17万人）

保護　●文化財保護法（1972年）
管理　●国立人類学・歴史学研究所
（Instituto Nacional de Antropologia e Historia 略称 INAH）
利活用　観光、博物館、イベント
見所
●バレンシア銀山の廃坑
●ラ・コンパーニア教会
●バレンシア教会
●グアナファト大学
博物館　ミイラ博物館（Museo de las Momias）
イベント　国際セルバンテス祭（毎年10月）

備考　●コア・ゾーンとバッファー・ゾーンの境界の設定が必要。
参考URL
http://whc.unesco.org/en/list/482
http://patrimonio-mexico.inah.gob.mx/www/

ピピラの丘からグアナファト市内を望む

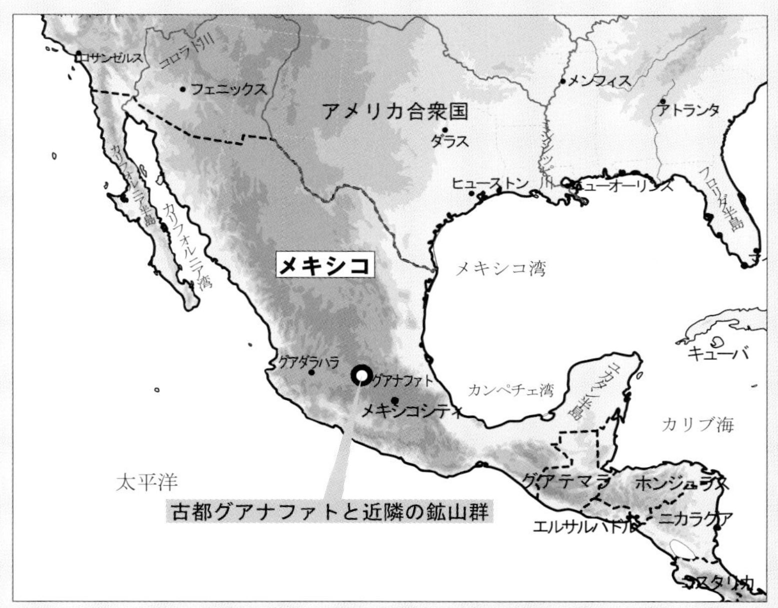

北緯21度11分　西経101度15分　海抜　2000m

交通アクセス　●メキシコシティから飛行機で，レオン空港まで約1時間。
●メキシコシティ，或は，グアダラハラから高速バスで約4時間。

チチェン・イッツァ古代都市

登録遺産名 **Pre-Hispanic City of Chichen-Itza**

遺産種別 文化遺産

登録基準
(i) 人類の創造的天才の傑作を表現するもの。
(ii) ある期間を通じて、または、ある文化圏において、建築、技術、記念碑的芸術、町並み計画、景観デザインの発展に関し、人類の価値の重要な交流を示すもの。
(iii) 現存する、または、消滅した文化的伝統、または、文明の、唯一の、または、少なくとも稀な証拠となるもの。

登録年月 1988年12月（第12回世界遺産委員会ブラジリア会議）

登録遺産の面積 —　　バッファー・ゾーン —

登録物件の概要 チチェン・イッツァは、ユカタン半島の先端部に近い広漠たるサバンナの中にある古代マヤ文明のトルテカ期(948～1204年)最大の都市遺跡。チチェンは「井戸のほとり」、イッツァは「水の魔術師」を意味するマヤ語。その名が示すように、聖なる泉の井戸「セノーテ」を中心にこの町の歴史は展開した。羽毛ある蛇の神ククルカンのピラミッド型神殿、戦士の神殿、球戯場、生贄の心臓を載せたチャックモール像などトルテカ・マヤ様式の建造物が生み出された。1000年頃チチェン、ウシュマル、マヤパンの三都市同盟が結ばれるが、1200年頃マヤパンに滅ぼされ、都市の機能は失われたが、聖なる泉の地として巡礼者が絶えなかった。

分類 遺跡
年代 10～13世紀

物件所在地 ユカタン州チチェン

保護 ●文化財保護法（1972年）
管理 ●国立人類学・歴史学研究所
（Instituto Nacional de Antropologia e Historia 略称 INAH）
利活用 観光，博物館
遺跡入場 8:00～17:00　入場料 M$188(13歳以下無料 ビデオカメラM$50)
見所 ●羽毛のある蛇の神ククルカンのピラミッド型神殿
年に2回春分と秋分の日には、神殿北側階段側面に蛇の影が現れる。
●戦士の神殿
●球技場
●生贄の心臓を載せたチャックモール像
●カラコル（古代天文台）
博物館 チチェン・イッツァ博物館（Chichen-Itza Museum）

備考 ●登録範囲の設定が必要。
●遺跡敷地内では、夜になると「光と音のショー」が開催されている
。
参考URL **http://whc.unesco.org/en/list/483**
http://patrimonio-mexico.inah.gob.mx/www/

メキシコの文化遺産

エルカスティージョの神殿（ククルカン神殿）

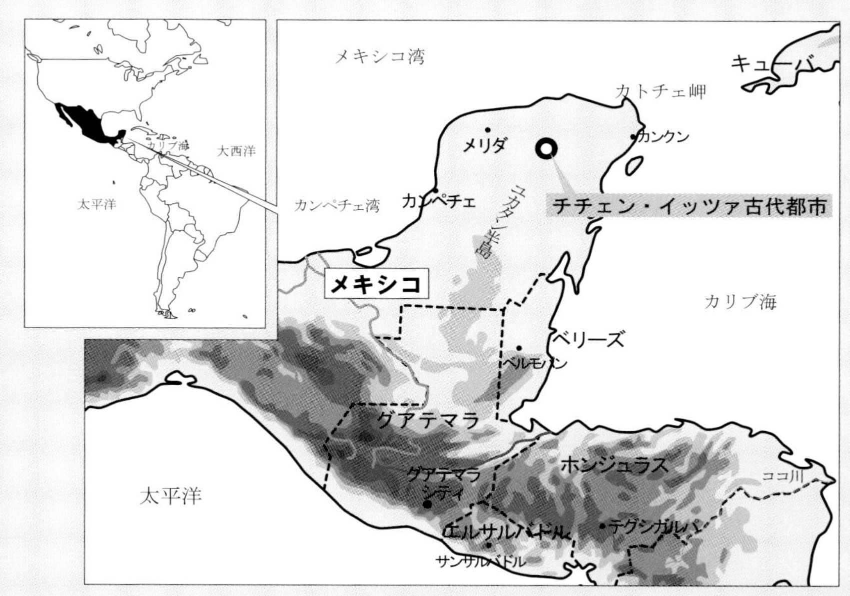

北緯20度40分　西経88度35分

交通アクセス　●カンクン，或はメリダから車で約2時間30分。
●カンクンからのツアーあり。

モレリアの歴史地区

登録遺産名 **Historic Centre of Morelia**

遺産種別 文化遺産

登録基準
(ii) ある期間を通じて、または、ある文化圏において、建築、技術、記念碑的芸術、町並み計画、景観デザインの発展に関し、人類の価値の重要な交流を示すもの。
(iv) 人類の歴史上重要な時代を例証する、ある形式の建造物、建築物群、技術の集積、または、景観の顕著な例。
(vi) 顕著な普遍的な意義を有する出来事、現存する伝統、思想、信仰、または、芸術的、文学的作品と、直接に、または、明白に関連するもの。

登録年月 1991年12月（第15回世界遺産委員会カルタゴ会議）

登録遺産の面積 390 ha

登録物件の概要 モレリアは、メキシコの南西部、ミチョアカン州の州都で、1541年にスペイン人の初代副王、ヴィセロイ・アントニオ・デ・メンドーサが建設したコロニア風の美しい都市。モレリアには、溶岩で出来たピンク色の石で造られた歴史的建造物が多数残っている。石畳の道、17～18世紀のプラテレスコ様式の大聖堂、アメリカ大陸で2番目に古いコレヒオ・サン・ニコラス神学校（現サン・ニコラス・イダルゴ大学）、253の橋脚をもつ石造の水道橋、旧総督邸などが、スペイン統治時代の象徴である。モレリアの地名は、モレリア出身の独立の英雄、ホセ・マリア・モレーロスの名前に因んでいる。

分類 建造物群、歴史地区
年代 16世紀～

物件所在地 ミチョアカン州モレリア（州都　人口 約73万人）

保護 ●文化財保護法（1972年）
管理 ●国立人類学・歴史学研究所
（Instituto Nacional de Antropologia e Historia 略称 INAH）
利活用 観光、博物館
見所
●石畳の道
●大聖堂
●コレヒオ・サン・ニコラス神学校（現サン・ニコラス・イダルゴ大学）
●253の橋脚をもつ石造の水道橋
●旧総督邸
博物館 モレーロス博物館
文化センター モレリア文化センター
ゆかりの人物
●ヴィセロイ・アントニオ・デ・メンドーサ
（Viceroy Antonio de Mendosa　1490～1552年）
●ホセ・マリア・モレーロス（Jose Maria Morelos　1765～1815年）

備考 ●コア・ゾーンとバッファー・ゾーンの境界の設定が必要。

参考URL
http://whc.unesco.org/en/list/585
http://patrimonio-mexico.inah.gob.mx/www/

モレリアの歴史地区

北緯19度42分　西経101度11分

交通アクセス　●メキシコ・シティから車で約6時間。

エル・タヒン古代都市

登録遺産名 **El Tajin, Pre-Hispanic City**

遺産種別 文化遺産

登録基準
(iii) 現存する、または、消滅した文化的伝統、または、文明の、唯一の、または、少なくとも稀な証拠となるもの。
(iv) 人類の歴史上重要な時代を例証する、ある形式の建造物、建築物群、技術の集積、または、景観の顕著な例。

登録年月 1992年12月（第16回世界遺産委員会サンタ・フェ会議）

登録遺産の面積 240 ha

登録物件の概要 エル・タヒンは、メキシコシティの北東約200km、ベラクルス州パパントラの西9kmの熱帯植物が覆う丘陵地にある。タヒンとは、原住民の言葉で「雷、稲妻」を意味する。テオティワカン文化の影響を受け、7〜11世紀にかけて全盛期を迎えた。トトナカ族あるいはワステカ族により建設されたとされている。雨や風の神々をまつった6層の「壁龕(へきがん)のピラミッド」や、壮麗なレリーフが施された球戯場に代表される。メキシコの主要観光ルートからはずれており、交通の便も悪いことも幸いして、遺跡の保存状態は極めて良好。本格的に遺跡の発掘調査が開始されたのは、1934年からで、現在約10分の1の遺跡調査が進んでいる。

分類 遺跡
年代 7〜11世紀（全盛期）

物件所在地 ベラクルス州エル・タヒン

保護 ●文化財保護法（1972年）
管理 ●国立人類学・歴史学研究所
（Instituto Nacional de Antropologia e Historia 略称 INAH）
利活用 観光、博物館
遺跡入場 9:00〜17:00　入場料 M$59（ビデオカメラM$45）

見所 ●壁龕のピラミッド
●球戯場
博物館 エル・タヒン博物館（El Tajin Museum）
ゆかりの民族 トトナカ族、ワステカ族

備考 ●コア・ゾーンとバッファー・ゾーンの境界の設定が必要。
●2009年に世界無形文化遺産に登録された「ボラドーレスの儀式」は、このあたりを発祥とする宗教儀式で、エル・タヒン遺跡入口前の広場で行われている。

参考URL **http://whc.unesco.org/en/list/631**
http://patrimonio-mexico.inah.gob.mx/www/

壁龕（へきがん）のピラミッド

北緯20度28分　西経97度22分

交通アクセス　●メキシコ・シティから最寄りの町パパントラまで車で約5時間30分。
●パパントラ町から車で約30分。

サカテカスの歴史地区

登録遺産名 **Historic Centre of Zacatecas**

遺産種別 文化遺産

登録基準 (ii) ある期間を通じて、または、ある文化圏において、建築、技術、記念碑的芸術、町並み計画、景観デザインの発展に関し、人類の価値の重要な交流を示すもの。
(iv) 人類の歴史上重要な時代を例証する、ある形式の建造物、建築物群、技術の集積、または、景観の顕著な例。

登録年月 1993年12月（第17回世界遺産委員会カルタヘナ会議）

登録遺産の面積 208 ha　　バッファー・ゾーン　109 ha

登録物件の概要 サカテカスの歴史地区は、メキシコ中部、メキシコシティの北西約530kmのブファの丘の麓にある。スペイン統治時代の1546年に銀鉱脈が発見されたことからシルバー・ラッシュで賑わい繁栄した。サカテカス、グアナファト、メキシコシティとを結ぶ道路は、「銀の道」とよばれ、この道を通って大量の銀が運ばれた。エデン鉱山はその遺構のひとつで、現在は、観光客にも公開されている産業遺産。バロック様式の傑作である18世紀半ばに建立されたサカテカス大聖堂をはじめ、サント・ドミンゴ聖堂、グアダルーペ修道院などが残る町は、コロニアル様式の建造物の宝庫と言われている。

分類 建造物群
年代 16世紀～

物件所在地 サカテカス州サカテカス（州都　人口14万人）

保護 ●文化財保護法（1972年）
管理 ●国立人類学・歴史学研究所
（Instituto Nacional de Antropologia e Historia 略称 INAH）
利活用 観光、イベント、博物館

見所
●エル・エデン鉱山
●サカテカス大聖堂
●サント・ドミンゴ寺院
●グアダルーペ修道院

博物館
●ラファエル・コロネル博物館（The Rafael Coronel Museum）
●サカテカス博物館（The Zacatecas Museum）
●フランシスコ・ゴイチア博物館（The Francisco Goitia Museum）

参考URL
http://whc.unesco.org/en/list/676
http://patrimonio-mexico.inah.gob.mx/www/

サカテカスの歴史地区

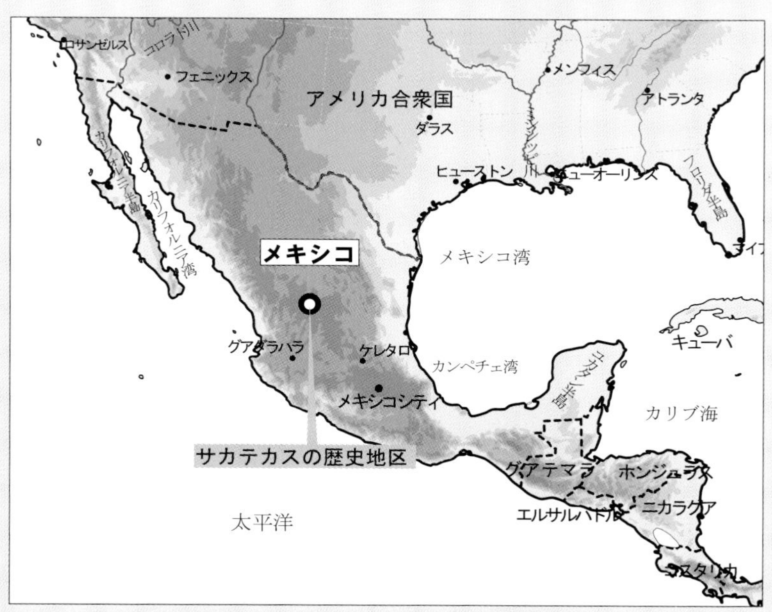

北緯22度46分　西経102度33分

交通アクセス　●メキシコシティから飛行機で1時間30分。市内へはバスで約20分。
●メキシコシティからバスで9時間。グアダラハラからバスで6時間。

サン・フランシスコ山地の岩絵

登録遺産名 **Rock Paintings of the Sierra de San Francisco**

遺産種別 文化遺産

登録基準
(i) 人類の創造的天才の傑作を表現するもの。
(iii) 現存する、または、消滅した文化的伝統、または、文明の、唯一の、または、少なくとも稀な証拠となるもの。

登録年月 1993年12月（第17回世界遺産委員会カルタヘナ会議）

登録遺産の面積 182, 600 ha

登録物件の概要 サン・フランシスコ山地の岩絵は、バハ・カリフォルニア・スール州北部、カリフォルニア湾と太平洋にはさまれたバハ・カリフォルニア半島のほぼ中間地点の砂漠地帯にある。乾燥した気候と人里離れた場所が壁画の保存状態に幸いして、現在までに約400の地点で人間、鹿、ウサギ、オオカミ、カメ、クジラなどが描かれた洞窟壁画が発見されている。壁画が描かれたのは、紀元前100年から紀元後1300年の間で、洞窟そのものは住居としてだけではなく祭祀の場あるいは狩猟のための罠として造られたのではないかと考えられている。

分類 遺跡、モニュメント
年代 紀元前100年～紀元後1300年

物件所在地 バハ・カリフォルニア・スール州

保護 ●文化財保護法（1972年）
管理 ●国立人類学・歴史学研究所
（Instituto Nacional de Antropologia e Historia 略称 INAH）
利活用 観光

見所
●洞窟壁画
●サン・フランシスコ山地の景観

備考
●サン・フランシスコ山地の岩絵を見る為には、メキシコ国立人類学・歴史学研究所（INAH）の許可と公認ガイドが案内する。
●コア・ゾーンとバッファー・ゾーンの境界の設定が必要。

参考URL
http://whc.unesco.org/en/list/714
http://patrimonio-mexico.inah.gob.mx/www/

岩絵の描かれているサン・フランシスコ山地

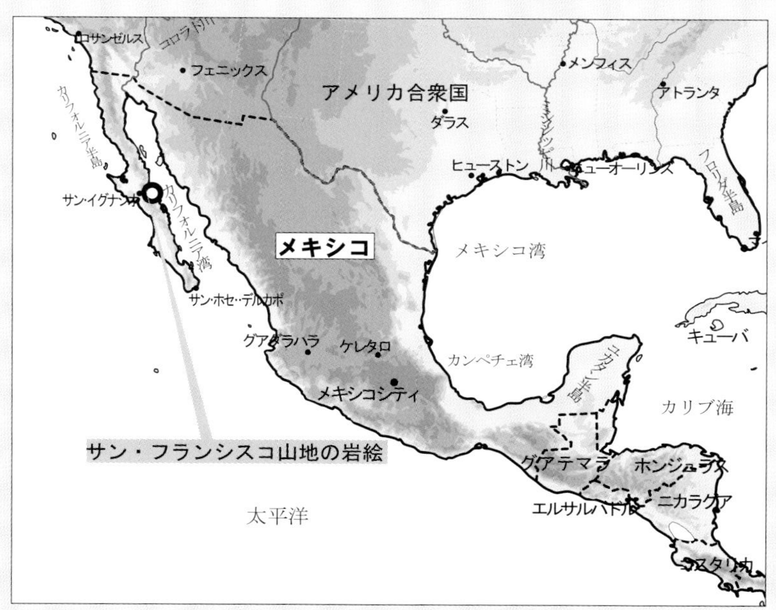

北緯27度39分　西経112度54分

交通アクセス　●最寄りの町は，サン・イグナシオ。
●サン・ホセ・デル・カボからツアーあり。

ポポカテペトル山腹の16世紀初頭の修道院群

登録遺産名 **Earliest 16th-Century Monasteries on the Slopes of Popocatepetl**

遺産種別 文化遺産

登録基準 (ii) ある期間を通じて、または、ある文化圏において、建築、技術、記念碑的芸術、町並み計画、景観デザインの発展に関し、人類の価値の重要な交流を示すもの。
(iv) 人類の歴史上重要な時代を例証する、ある形式の建造物、建築物群、技術の集積、または、景観の顕著な例。

登録年月 1994年12月（第18回世界遺産委員会プーケット会議）

登録遺産の面積 ― バッファー・ゾーン ―

登録物件の概要 ポポカテペトル山腹の16世紀初頭の修道院群は、メキシコ・シティの南東約70km、標高5452mのポポカテペトル山(火山 ポポカテペトルは、アステカ族の言語のナワトル語で、「煙を吐く山」の意)の1800m付近の山腹のウェホツィンゴ、トラヤカパン、クエルナバカなどの町に点在する。スペインからのドミニコ修道会をはじめ、フランシスコ修道会、アウグスティヌス修道会の各会派が16世紀初頭に中央アメリカでのキリスト教の布教活動の為に建てた300以上の修道院のうち14の修道院が現在も残っている。修道院の内部には、宗教画やフレスコ画の数々が残っているほか、野外礼拝堂、食堂、宿房、中庭、回廊、砦、貯水池など先住民と宣教師が共同生活を営んだ施設が今も昔の名残をとどめている。

分類 建造物群

物件所在地 メヒコ州
（アトラトラウカン、クエルナバカ、ウエヤパン、テテラ・デル・ボルカン、ヤウテペク、オクイトゥコ、テポストラン、トラヤカパン、トトラパン、イェカピクストラ、サクアルパン・デ・アミルパス）
プエブラ州（カルパン、ウェッホツィンゴ、トチミルコ）

保護 ●文化財保護法（1972年）

管理 ●国立人類学・歴史学研究所
（Instituto Nacional de Antropologia e Historia 略称 INAH）

利活用 観光

備考 ●登録範囲の設定が必要。

参考URL **http://whc.unesco.org/en/list/702**
http://patrimonio-mexico.inah.gob.mx/www/

ウェッホツィンゴ（プエブラ州）にあるフランシスコ派修道院

北緯18度56分　西経98度53分

交通アクセス　●ウェッホツィンゴの修道院へは、プエブラからバス。（北西へ26km）
●テポストランの修道院へは、メキシコシティからバスで約1時間15分。

ウシュマル古代都市

登録遺産名　**Pre-Hispanic Town of Uxmal**

遺産種別　文化遺産

登録基準
(i) 人類の創造的天才の傑作を表現するもの。
(ii) ある期間を通じて、または、ある文化圏において、建築、技術、記念碑的芸術、町並み計画、景観デザインの発展に関し、人類の価値の重要な交流を示すもの。
(iii) 現存する、または、消滅した文化的伝統、または、文明の、唯一の、または、少なくとも稀な証拠となるもの。

登録年月　1996年12月（第20回世界遺産委員会メリダ会議）

登録遺産の面積　—　　バッファー・ゾーン　—

登録物件の概要　ウシュマル古代都市は、メキシコ南東部のユカタン州プーク地方にある。ウシュマル古代都市は、7～10世紀頃、ユカタン半島の緑のジャングルに囲まれた丘陵地帯のプークに栄えたマヤ文明を代表する都市遺跡の一つで、人口は約25000人に達した。天文学の知識に則った町並みと儀式の中心として使われた高さ36.5mの魔法使いのピラミッド、プーク様式の最高傑作とされる総督の宮殿、尼僧院、球技場などが残っている。宗教儀式の広場は、マヤ文明の芸術と幾何学模様のモザイクや蛇などのモチーフで装飾されたプーク様式の建築を象徴する地区となっている。

分類　遺跡
年代　８～10世紀頃

物件所在地　ユカタン州ウシュマル

保護　●文化財保護法（1972年）
管理　●国立人類学・歴史学研究所
（Instituto Nacional de Antropologia e Historia 略称 INAH）
利活用　観光、イベント

構成資産　●ウシュマル遺跡　●サイル遺跡　●カバー遺跡　●ラブナ遺跡

見所
- ●魔法使いのピラミッド
- ●尼僧院
- ●総督の宮殿
- ●球技場

備考
- ●夜には、英語とスペイン語の解説で、「光と音のショー」が催されている。
- ●登録範囲の設定が必要。

参考URL
http://whc.unesco.org/en/list/791
http://patrimonio-mexico.inah.gob.mx/www/

ウシュマル古代都市

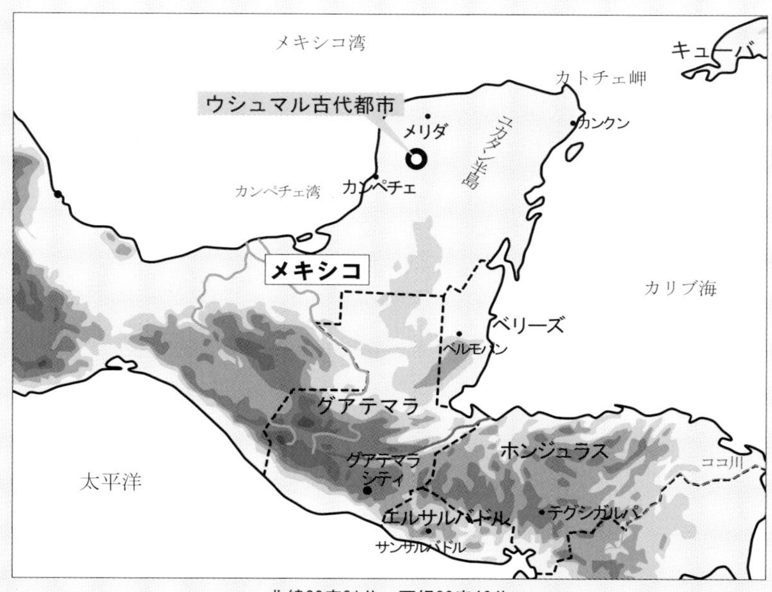

北緯20度21分　西経89度46分

交通アクセス　●メリダから車で約1時間30分。

ケレタロの歴史的建造物地域

登録遺産名　**Historic Monuments Zone of Querétaro**

遺産種別　文化遺産

登録基準
(ii) ある期間を通じて、または、ある文化圏において、建築、技術、記念碑的芸術、町並み計画、景観デザインの発展に関し、人類の価値の重要な交流を示すもの。
(iv) 人類の歴史上重要な時代を例証する、ある形式の建造物、建築物群、技術の集積、または、景観の顕著な例。

登録年月　1996年12月（第20回世界遺産委員会メリダ会議）

登録遺産の面積　—　バッファー・ゾーン　—

登録物件の概要　ケレタロは、メキシコシティの北西309km、ケレタロ川流域にある州都。オトミ族が建設した町で、スペイン植民地時代にはサカテカス銀山への補給基地であった。ケレタロ歴史地区には、顕著な普遍的価値を持つ多民族地域を象徴する優れたサン・アグスティン教会、サン・フランシスコ教会、カサ・デ・ラ・コレヒドーラ、サンタ・クルス修道院などの建造物群、スペイン植民地時代の幾何学的に整備された町並み、古くからの狭い曲がりくねった道などが共存している。

分類　建造物群、歴史都市

年代　17～18世紀（黄金期）

物件所在地　ケレタロ州ケレタロ（州都　人口約80万人）

保護　●文化財保護法（1972年）

管理　●国立人類学・歴史学研究所
（Instituto Nacional de Antropologia e Historia 略称 INAH）

利活用　観光、博物館

見所
●サン・アグスティン教会
●サン・フランシスコ教会
●カサ・デ・ラ・コレヒドーラ
●サンタ・クルス修道院

博物館　地域博物館（Museo Regional）

美術館　ケレタロ美術館（Museo de Arte de Queretaro）

ゆかりの民族　オトミ族

備考　●登録範囲の設定が必要

参考URL
http://whc.unesco.org/en/list/792
http://patrimonio-mexico.inah.gob.mx/www/

カテドラル

北緯20度34分　西経100度24分

交通アクセス　●メキシコシティからバスで約2時間30分。

グアダラハラのオスピシオ・カバニャス

登録遺産名　**Hospicio Cabañas, Guadalajara**

遺産種別　文化遺産

登録基準
(i) 人類の創造的天才の傑作を表現するもの。
(ii) ある期間を通じて、または、ある文化圏において、建築、技術、記念碑的芸術、町並み計画、景観デザインの発展に関し、人類の価値の重要な交流を示すもの。
(iii) 現存する、または、消滅した文化的伝統、または、文明の、唯一の、または、少なくとも稀な証拠となるもの。
(iv) 人類の歴史上重要な時代を例証する、ある形式の建造物、建築物群、技術の集積、または、景観の顕著な例。

登録年月　1997年12月（第21回世界遺産委員会ナポリ会議）

登録遺産の面積　—　　バッファー・ゾーン　—

登録物件の概要　グアダラハラは、メキシコ中央高原西部にあるメキシコ第2の都市でハリスコ州の州都。オスピシオ・カバニャスは、1801年、孤児、身よりのない老人、身体障害者、慢性疾患者などの施設として建てられた。オスピシオ・カバニャスは、施設内の生活者の暮らしを配慮した設備を整え、礼拝堂も豪華な絵画で装飾された。20世紀初頭には、メキシコの偉大な壁画家ホセ・クレメンテ・オロスコ(1883～1949年)の手によって最高傑作「炎の人」(Man of Fire)などの壁画で装飾された。オスピシオ・カバニャスは、1980年まで約150年間使われてきたが、現在は市の文化センターとして利用されている。

分類　建造物群

物件所在地　ハリスコ州グアダラハラ（州都　人口約150万人）

保護　●文化財保護法（1972年）

管理　●国立人類学・歴史学研究所
(Instituto Nacional de Antropologia e Historia 略称 INAH)

利活用　観光、見学、イベント
入場　10:00～18:00（火曜～日曜）入場料M$70（火曜日は無料）

備考　●登録範囲の設定が必要。

参考URL　**http://whc.unesco.org/en/list/815**
http://patrimonio-mexico.inah.gob.mx/www/

オスピシオ・カバニャス
写真提供：Secretaria de Turismo del Estado de Jalisco

北緯20度40分　西経103度20分

交通アクセス　●メキシコシティから飛行機で1時間30分。市内へはバスで約1時間。

カサス・グランデスのパキメの考古学地域

登録遺産名　**Archaeological Zone of Paquimé, Casas Grande**

遺産種別　文化遺産

登録基準
(iii) 現存する、または、消滅した文化的伝統、または、文明の、唯一の、または、少なくとも稀な証拠となるもの。
(iv) 人類の歴史上重要な時代を例証する、ある形式の建造物、建築物群、技術の集積、または、景観の顕著な例。

登録年月　1998年12月（第22回世界遺産委員会京都会議）

登録遺産の面積　147 ha

登録物件の概要　カサス・グランデスは、カサス・グランデス川が流れるチワワ州北西部、州都チワワの北西約270kmにある。カサス・グランデスとは、スペイン語の「大きな家」を意味し、その名の通り、ピラミッドなどの大型建造物ではなく、インディオのスマ族の住居、祭儀センターなどが残る集落遺跡。住居は泥を濾過した粘土で出来ており、小さなT字型の入口があることが特徴である。パキメ遺跡は、カサス・グランデスの住宅地を抜けた砂漠の中にある先史時代からの遺跡で、14～15世紀頃の北米との商業（貿易）と文化の連携において、文化の発展を物語っている。カサス・グランデスのパキメの考古学地域に広がる遺跡は、北中米の日干しれんが造りの建築の発展を証明するものでもある。

分類　遺跡
年代　紀元前7世紀～

物件所在地　チワワ州カサス・グランデス

保護　●文化財保護法（1972年）
管理　●国立人類学・歴史学研究所
（Instituto Nacional de Antropologia e Historia 略称 INAH）
管理　メキシコ国立人類学・歴史学研究所（INAH）
利活用　観光、博物館
見所
●かまど跡
●十字の丘
●井戸の家
●死者の家
●供物の家
博物館　パキメ博物館
ゆかりの民族　スマ族（インディオ）

備考　●コア・ゾーンとバッファー・ゾーンの境界の設定が必要。
参考URL　**http://whc.unesco.org/en/list/560**
http://patrimonio-mexico.inah.gob.mx/www/

パキメの考古学地域

北緯30度22分　西経107度57分

交通アクセス　●メキシコ・シティからシウダード・フアレスまで飛行機で3時間。
●シウダード・フアレスからカサス・グランデスまで，車で4時間。

トラコタルパンの歴史的建造物地域

登録遺産名　**Historic Monuments Zone of Tlacotalpan**

遺産種別　文化遺産

登録基準
(ii) ある期間を通じて、または、ある文化圏において、建築、技術、記念碑的芸術、町並み計画、景観デザインの発展に関し、人類の価値の重要な交流を示すもの。
(iv) 人類の歴史上重要な時代を例証する、ある形式の建造物、建築物群、技術の集積、または、景観の顕著な例。

登録年月　1998年12月（第22回世界遺産委員会京都会議）

登録遺産の面積　75 ha　　バッファー・ゾーン　320 ha

登録物件の概要　トラコタルパンは、ベラクルスの南約100km、パパロアパン川の川沿いにある町。トラコタルパンは、16世紀の半ばに、スペインが植民地化を進めるなかで、メキシコ湾岸の河川港という位置づけで建設された。トラコタルパンは、スペインとカリブの建築様式が見事に融合したネオ・クラシック様式の独創的な美しい町並みを誇る。それらは、コロンブス広場、広い通りやアーケード、成熟したヤシの木、カラフルな住居、アール・デコの市長庁舎、アラビア風のカンデラリア教会、フランス風のサン・クリストバル教会などの歴史的建造物によく表れている。

分類　建造物群、歴史都市
年代　16世紀～

物件所在地　ベラクルス州トラコタルパン

保護　●文化財保護法（1972年）
管理　●国立人類学・歴史学研究所
（Instituto Nacional de Antropologia e Historia 略称 INAH）
利活用　観光
見所
- ●コロンブス広場
- ●アール・デコの市長庁舎
- ●カンデラリア教会
- ●サン・クリストバル教会

備考　●コア・ゾーンとバッファー・ゾーンの境界の設定が必要。

参考URL　**http://whc.unesco.org/en/list/862**
http://patrimonio-mexico.inah.gob.mx/www/

トラコタルパンの歴史的建造物地域

北緯18度36分　西経95度39分

交通アクセス　●ベラクルスからバスで約2時間。

カンペチェの歴史的要塞都市

登録遺産名　**Historic Fortified Town of Campeche**

遺産種別　**文化遺産**

登録基準
(ii) ある期間を通じて、または、ある文化圏において、建築、技術、記念碑的芸術、町並み計画、景観デザインの発展に関し、人類の価値の重要な交流を示すもの。
(iv) 人類の歴史上重要な時代を例証する、ある形式の建造物、建築物群、技術の集積、または、景観の顕著な例。

登録年月　1999年12月（第23回世界遺産委員会マラケシュ会議）

登録遺産の面積　181 ha

登録物件の概要　カンペチェの歴史的要塞都市は、ユカタン半島のメキシコ湾に面したカンペチェ州の州都にある。カンペチェの歴史的要塞都市は、16世紀のスペイン植民地時代に交易で繁栄した貿易港を中心に町並みが展開している。有名なカリブの海賊から港町を守るために建設された城壁で囲まれたソレダー要塞、サンカルロス要塞、サンフランシスコ要塞、サンファン要塞、遠方まで展望できる見張り台、そして、威嚇的な砲台が当時のままで残されている。

分類　建造物群、モニュメント、歴史都市、要塞都市
年代　16世紀

物件所在地　カンペチェ州カンペチェ（州都　人口22万人）

保護　●文化財保護法（1972年）
管理　●国立人類学・歴史学研究所
（Instituto Nacional de Antropologia e Historia 略称 INAH）
利活用　観光、博物館

見所
- ●ソレダー要塞
- ●サンカルロス要塞
- ●サンフランシスコ要塞
- ●サンファン要塞

博物館
- ●Museo de Estelas Maya
- ●Fuerte de San Miguel

ゆかりの民族　マヤ族（インディオ）

備考　●コア・ゾーンとバッファー・ゾーンの境界の設定が必要。

参考URL
http://whc.unesco.org/en/list/895
http://patrimonio-mexico.inah.gob.mx/www/

カンペチェの要塞

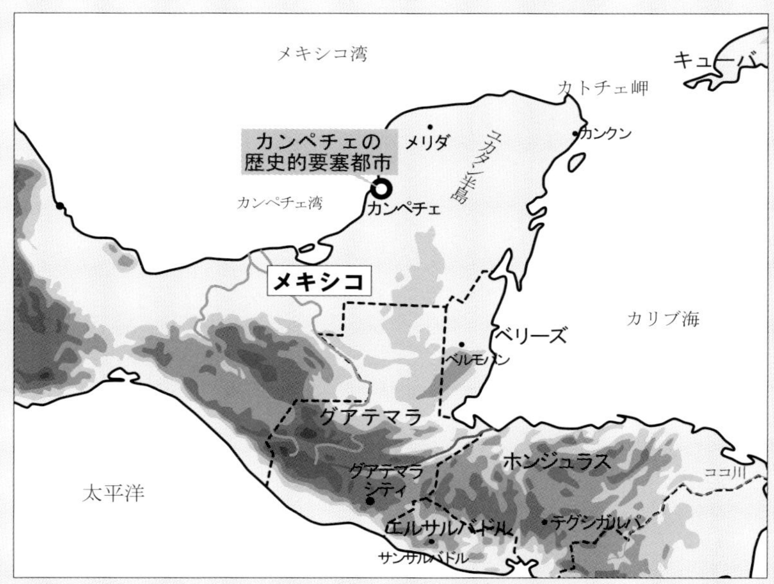

北緯19度50分　西経90度32分

交通アクセス　●メキシコ・シティから飛行機で2時間。

ソチカルコの考古学遺跡ゾーン

登録遺産名　**Archaeological Monuments Zone of Xochicalco**

遺産種別　文化遺産

登録基準
(iii) 現存する、または、消滅した文化的伝統、または、文明の、唯一の、または、少なくとも稀な証拠となるもの。
(iv) 人類の歴史上重要な時代を例証する、ある形式の建造物、建築物群、技術の集積、または、景観の顕著な例。

登録年月　1999年12月（第23回世界遺産委員会マラケシュ会議）

登録遺産の面積　708 ha

登録物件の概要　ソチカルコは、モレーロス州のクエルナバカ近郊の丘陵にある城塞都市遺跡。ソチカルコは、テオティワンカンが滅亡し都市間の抗争で動乱した650～900年頃に、テオティワカン、モンテ・アルバン、パレンケ、そして、ティカルなど偉大なメソ・アメリカ（現在のメキシコ北部からホンジュラスやエルサルバドル辺りまでの地域）の都市が衰退した後に新興勢力として台頭し、マヤ文明とも深い交流があり、その後のアステカ文明にも大きな影響を与えたトルテカ文明の政治、宗教、そして、商業の中心地として栄えた。ソチカルコの建築と美術は、神殿の壁面の羽毛のある蛇（ケツァルコアトル）の彫刻や神聖な宗教儀式が行われた球戯場の側壁の装飾に見られる様に、従来のメソ・アメリカの様式とは一風異なった、文化的、或は、宗教的要素を持っており、現在も非常に良い状態で保存されている。

分類　遺跡
年代　7～10世紀

物件所在地　モレロス州テミスコ市、ミアカトラン市

保護　●文化財保護法（1972年）
管理　●国立人類学・歴史学研究所
（Instituto Nacional de Antropologia e Historia 略称 INAH）
利活用　観光
見所　●殿の壁面の羽毛のある蛇（ケツァルコアトル）の彫刻
●球戯場の側壁の装飾

備考　●コア・ゾーンとバッファー・ゾーンの境界の設定が必要。

参考URL　**http://whc.unesco.org/en/list/939**
http://patrimonio-mexico.inah.gob.mx/www/

ソチカルコの考古学遺跡ゾーン

北緯18度48分　西経99度16分

交通アクセス　●メキシコ・シティからバス（クエルナバカ乗り継ぎ）で約1時間30分。

ケレタロ州のシエラ・ゴルダにあるフランシスコ会伝道施設

登録遺産名　**Franciscan Missions in the Sierra Gorda of Queretaro**

遺産種別　**文化遺産**

登録基準　(ii) ある期間を通じて、または、ある文化圏において、建築、技術、記念碑的芸術、町並み計画、景観デザインの発展に関し、人類の価値の重要な交流を示すもの。
(iii) 現存する、または、消滅した文化的伝統、または、文明の、唯一の、または、少なくとも稀な証拠となるもの。

登録年月　2003年7月（第27回世界遺産委員会パリ会議）

登録遺産の面積　104 ha

登録物件の概要　ケレタロ州シエラ・ゴルダのフランシスコ会伝道施設は、ケレタロ州東部の険しい山間のヴェルダント渓谷にある。ケレタロ州シエラ・ゴルダのフランシスコ会伝道施設は、1750年代に、ジュニペロ・シェラ神父とフランシスコ会によって、メキシコ国内でのキリスト教の布教活動の布石としてつくられた。数年内には、フランシスコ会と地元のインディオによって、荘厳な色彩と彫刻が施されたサンティアゴ・ジャルパン、ランダ、ティラーコ、タンコヨル、それに、サン・ミゲル・コンカの5つの教会が建てられた。ケレタロ州シエラ・ゴルダのフランシスコ会伝道施設の周辺には、集落が出来、固有の文化をとどめた。これらが礎石となって、その後、アメリカのカルフォルニア、アリゾナ、テキサスの植民地化、布教活動へと続くことになる。

分類　建造物群
年代　18世紀～

物件所在地　ケレタロ州　ジャルパン・デ・セラ市、ランダ・デ・マタモロス市、アロヨ・セコ町

保護　●文化財保護法（1972年）
管理　●国立人類学・歴史学研究所
（Instituto Nacional de Antropologia e Historia 略称 INAH）
利活用　観光、博物館
構成資産　●サンティアゴ・ジャルパン教会
●ランダ教会
●ティラーコ教会
●タンコヨル教会
●サン・ミゲル・コンカ教会
博物館　シエラ・ゴルダ博物館（Sierra Gord Museum　ジャルパン・デ・セラ市）

備考　●コア・ゾーンとバッファー・ゾーンの境界の設定が必要。

参考URL　**http://whc.unesco.org/en/list/1079**
http://patrimonio-mexico.inah.gob.mx/www/

タンコヨル教会

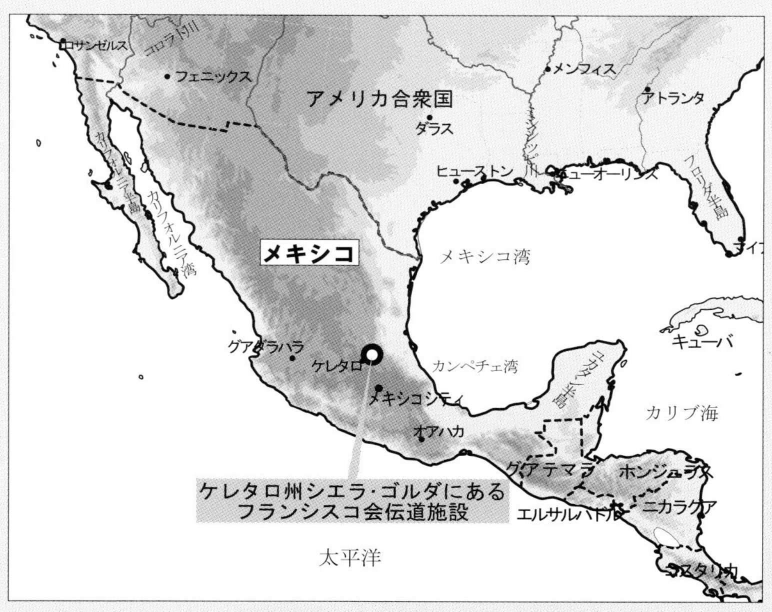

北緯21度12分　西経99度27分

交通アクセス　●ケレタロからツアーあり。

メキシコの文化遺産

ルイス・バラガン邸と仕事場

登録遺産名　**Luis Barragan House and Studio**

遺産種別　**文化遺産**

登録基準
(i) 人類の創造的天才の傑作を表現するもの。
(ii) ある期間を通じて、または、ある文化圏において、建築、技術、記念碑的芸術、町並み計画、景観デザインの発展に関し、人類の価値の重要な交流を示すもの。

登録年月　2004年 7月（第28回世界遺産委員会蘇州会議）

登録遺産の面積　0. 12 ha　　バッファー・ゾーン　23 ha

登録物件の概要　ルイス・バラガン邸と仕事場は、メキシコの首都メキシコ・シティ郊外のタクバヤにある。この建物は1948年に建造され、20世紀のメキシコのモダニズムを代表する建築家ルイス・バラガン（1902～1988年）の第二次大戦後の独創的な作品として代表的なもので、地下階、地上2階建、延床面積1, 161㎡のコンクリートの建物である。ルイス・バラガンの作品は、現代建築と伝統建築、さらにメキシコの時流などを独自のスタイルで新たにまとめ上げたもので、特に、現代の庭園、広場、景観のデザインに大きな影響を与えた。1980年に建築のノーベル賞といわれるプリッカー賞を受賞し、一躍世界の脚光を浴びた。

分類　モニュメント

物件所在地　メキシコ・シティ
General Francisco Ramírez 14, Ampliación Daniel Garza,Mecico D.F

保護　●文化財保護法（1972年）
管理　●国立人類学・歴史学研究所
（Instituto Nacional de Antropologia e Historia 略称 INAH）
利活用　見学（要予約）
ガイド：10:30　11:30　12:30　15:30　16:00（月～金）
　　　　10:30　12:30（土）
料金：200 M$
General Francisco Ramírez12-14, Col. Daniel Garza, Mexico D.F
TEL（55）5515-4908

備考　●バラガン財団（**Barragan Foundation**）
Klünenfeldstrasse 20, 4127 Birsfelden, Switzerland
TEL ++41（61）377-1660

参考URL
http://whc.unesco.org/en/list/1136
http://patrimonio-mexico.inah.gob.mx/www/
http://www.casaluisbarragan.org

ルイス・バラガン邸の入口

北緯19度25分6秒　西経99度11分54秒

交通アクセス　●地下鉄7号線コンスティトゥジェンテス駅から徒歩5分。

メキシコの文化遺産

テキーラ（地方）のリュウゼツランの景観と古代産業設備

登録遺産名　**Agave Landscape and Ancient Industrial Facilities of Tequila**

遺産種別　**文化遺産**

登録基準
(ii) ある期間を通じて、または、ある文化圏において、建築、技術、記念碑的芸術、町並み計画、景観デザインの発展に関し、人類の価値の重要な交流を示すもの。
(iv) 人類の歴史上重要な時代を例証する、ある形式の建造物、建築物群、技術の集積、または、景観の顕著な例。
(v) 特に、回復困難な変化の影響下で損傷されやすい状態にある場合における、ある文化（または、複数の文化）或は、環境と人間の相互作用、を代表する伝統的集落、または、土地利用の顕著な例。
(vi) 顕著な普遍的な意義を有する出来事、現存する伝統、思想、信仰、または、芸術的、文学的作品と、直接に、または、明白に関連するもの。

登録年月　2006年 7月（第30回世界遺産委員会ヴィリニュス会議）

登録遺産の面積　35, 019 ha　　バッファー・ゾーン　51, 261 ha

登録物件の概要　テキーラのリュウゼツランの景観と古代産業設備は、メキシコの中部、テキーラ火山の山麓とリオ・グランデ川の間にある。登録遺産は、16世紀以降は、テキーラ蒸留酒の生産、少なくとも2000年以上は発酵飲料や布を作るのに使用された植物文化によって形成された青リュウゼツランの広大な景観と、19世紀と20世紀に国際的なテキーラの消費の成長を反映する蒸留酒製造場からなる。今日、リュウゼツランの文化は、メキシコの国のアイデンティティの一部になっている。一帯は、青リュウゼツラン畑とリュウゼツランの“パイナップル”が発酵、醸造される大きな蒸留酒製造場があるテキーラ、アレナル、それにアマチタンの都会的な集落の生活と生業の景観を包み込んでいる。世界遺産に登録された物件は、畑、蒸留酒製造場と工場(稼動していないものも含む)、スペインの法律で不法とされた蒸留酒製造場であるタベルナス、町並み、それに、紀元前200～900年にかけてテキーラ地域を形成した文化の証明となる、特に、農業の為の台地、家屋、寺院、祭祀を行う土塁、球技場などの考古学遺跡群を含む。世界遺産の登録範囲内には、数多くの大農園がある。工場と大農園の建築は、煉瓦と日干し煉瓦による建設、黄土色の石灰絵具、石のアーチ、建物・壁などの外角や窓の化粧仕上げ、それに、新古典主義、或は、バロック装飾のある漆喰の壁が特色で、ヨーロッパの蒸留プロセスがある発酵メスカルの汁のプレ・ヒスパニックの伝統と地方の技術との融合、ヨーロッパやアメリカ合衆国から輸入されたそれらの両方を反映している。

分類　遺跡、文化的景観

物件所在地　ハリスコ州渓谷地域
構成資産
●Valle de Tequila y Amatitán
●Zona arqueológica Los Guachimontones de Teuchitlán

保護　●文化財保護法（1972年）
管理　●国立人類学・歴史学研究所
（Instituto Nacional de Antropologia e Historia 略称 INAH）
利活用　観光、工場見学

参考URL　**http://whc.unesco.org/en/list/1209**
http://patrimonio-mexico.inah.gob.mx/www/

テキーラのリュウゼツランの景観

北緯20度51分　西経103度46分

交通アクセス　●グアダラハラからバスで1.5～2時間。
●グアダラハラからテキーラ・バスツアーあり。所要時間約7時間。

メキシコ国立自治大学（UNAM）の中央大学都市キャンパス

登録遺産名　**Central University City Campus of the *Universidad Nacional Autónoma de Mexico*（UNAM）**

遺産種別　**文化遺産**

登録基準
(i) 人類の創造的天才の傑作を表現するもの。
(ii) ある期間を通じて、または、ある文化圏において、建築、技術、記念碑的芸術、町並み計画、景観デザインの発展に関し、人類の価値の重要な交流を示すもの。
(iv) 人類の歴史上重要な時代を例証する、ある形式の建造物、建築物群、技術の集積、または、景観の顕著な例。

登録年月　2007年 7月（第31回世界遺産委員会クライスト・チャーチ会議）

登録遺産の面積　177 ha　バッファー・ゾーン　1, 102 ha

登録物件の概要　メキシコ国立自治大学(UNAM)の中央大学都市キャンパスは、メキシコの首都メキシコ・シティの南部にある。メキシコ国立自治大学は、25万人の学生数を抱えるラテン・アメリカ最大の総合大学で、キャンパスは、一つの都市を形成するほどの大きな規模を誇っている。メキシコ国立自治大学(UNAM)の中央大学都市キャンパスは、建物、スポーツ施設、オープン・スペースなどからなり、60名以上の建築家、技師、それに芸術家によって1949～1952年に建設された20世紀の建築物である。なかでも外壁にオルゴマンの制作したモザイク壁画が描かれた中央図書館は印象的で、アステカ文明の雨の神トラロックや農耕のケツァルコアトルなどが描かれている。

分類　建造物群

物件所在地　メキシコ・シティ

保護　●文化財保護法（1972年）
管理　●国立人類学・歴史学研究所
（Instituto Nacional de Antropologia e Historia 略称 INAH）
利活用　見学

参考URL
http://whc.unesco.org/en/list/1250
http://patrimonio-mexico.inah.gob.mx/www/

中央図書館のモザイク壁画

北緯19度19分　西経99度11分

交通アクセス　●メトロバス1号線のドクトル・ガルベス(Dr.Gálvez)駅から徒歩15分。

サン・ミゲルの保護都市とアトトニルコのナザレのイエス聖域

登録遺産名　**Protective town of San Miguel and the Sanctuary of Jesús de Nazareno de Atotonilco**

遺産種別　文化遺産

登録基準　(ii) ある期間を通じて、または、ある文化圏において、建築、技術、記念碑的芸術、町並み計画、景観デザインの発展に関し、人類の価値の重要な交流を示すもの。
(iv) 人類の歴史上重要な時代を例証する、ある形式の建造物、建築物群、技術の集積、または、景観の顕著な例。

登録年月　2008年 7月（第32回世界遺産委員会ケベック会議）

登録遺産の面積　47 ha　　バッファー・ゾーン　47 ha

登録物件の概要　サン・ミゲルの保護都市とアトトニルコのナザレのイエス聖域は、サン・ミゲルがグアナファト州のサン・ミゲル・デ・アジェンテ、ナザレのイエス聖域は、サン・ミゲル・デ・アジェンテから北に14kmのアトトニルコにある。世界遺産の登録範囲は、核心地域が46.95ha、緩衝地域が47.03haである。サン・ミゲルの保護都市は、国王が通行する道を守る為に16世紀に創建された要塞都市で、18世紀には、メキシコ・バロック様式で、民間ビルが数多くが建てられ最高潮に達した。これらのビルの幾つかは、バロック様式から新古典主義様式への過渡期に進化した傑作である。サン・ミゲル・デ・アジェンテから14kmの所にあるアトトニルコの18世紀以降のナザレのイエス聖域は、新スペインでのバロック様式の芸術と建築が融合した見事な事例で、ロドリゲス・ファレスによる油絵とミゲル・アントニオ・マルティネス・デ・ポカサングレによる壁画で装飾された大聖堂、6つの小さなチャペルなどからなる。アトトニルコのナザレのイエス聖域は、ヨーロッパ文化とラテン・アメリカ文化が交流した類いない事例である。その建築と内部装飾は、16世紀の偉大な巡礼者、聖イグナチオ・デ・ロヨラの影響を受けたものである。

分類　建造物群、モニュメント

物件所在地　グアナファト州サン・ミゲル・デ・アジェンテ、アトトニルコ

構成資産
- サン・ミゲルの保護都市
- アトトニルコのナザレのイエス聖域

保護
- 文化財保護法（1972年）

管理
- 国立人類学・歴史学研究所
（Instituto Nacional de Antropologia e Historia 略称 INAH）

利活用　観光

参考URL
http://whc.unesco.org/en/list/1274
http://patrimonio-mexico.inah.gob.mx/www/

サン・ミゲル教区教会

北緯20度54分　西経100度44分

交通アクセス　●最寄りの空港はレオンのバヒオ空港。そこからバスで約2.5時間。
●メキシコ・シティからバスで3.5時間～4時間。

カミノ・レアル・デ・ティエラ・アデントロ

登録遺産名 **Camino Real de Tierra Adentro**

遺産種別 文化遺産

登録基準
(ii) ある期間を通じて、または、ある文化圏において、建築、技術、記念碑的芸術、町並み計画、景観デザインの発展に関し、人類の価値の重要な交流を示すもの。
(iv) 人類の歴史上重要な時代を例証する、ある形式の建造物、建築物群、技術の集積、または、景観の顕著な例。

登録年月 2010年 8月（第34回世界遺産委員会ブラジリア会議）

登録遺産の面積 3, 102 ha　　バッファー・ゾーン　268, 057 ha

登録物件の概要 カミノ・レアル・デ・ティエラ・アデントロは、メキシコの中央部、メキシコ市とメヒコ州、イダルゴ州、ケレタロ州、グアナファト州、ハリスコ州、アグアスカリエンテス州、サカテカス州、サン・ルイス・ポトシ州、ドウランゴ州、チワワ州の10州にまたがるアデントロ街道である。カミノ・レアルとは、スペイン語では、王道、英語では、国道、ティエラ・アデントロとは、内陸を意味する内陸への王道、アデントロ街道のことである。カミノ・レアル・デ・ティエラ・アデントロは、銀の道、或は、サンタフェへの道としても知られている。最初は、急ぎの鉱夫が無人の大陸を横断する細い道であった。16世紀の半ばから19世紀の約300年間、鉱工業の発展がこの道を強化し、拡張させ、北部地域およびその他の地域に供給する銀、水銀、小麦、とうもろこし、薪、その他の商品が流通した。首都メキシコ・シティからメキシコ国内のスペインの植民都市、それにアメリカ合衆国のニュー・メキシコやテキサスとを結ぶ2600kmのルートで、沿道沿いには、ケレタロ（現在の属州はケレタロ州）、ソンブレレテ（サカテカス州）、チワワ（チワワ州）などの大きな集落が発達した。これらの集落は、スペインが征服した広大な土地の植民地化とキリスト教の布教を支え、アメリカ大陸の原住民とスペインの文化とが融合した。世界遺産の登録範囲は、メキシコ国内の1400kmの沿道にある60の構成資産からなり、そのうちメキシコ・シティ、サカテカス、グアナファト、ケレタロ、サン・ミゲルの5つの世界遺産地を含んでいる。

分類 建造物群、遺跡

物件所在地 メキシコシティ、メヒコ州、イダルゴ州、ケレタロ州、グアナファト州、ハリスコ州、アグアスカリエンテス州、サカテカス州、サン・ルイス・ポトシ州、ドウランゴ州、チワワ州

保護 ●文化財保護法（1972年）
管理 ●国立人類学・歴史学研究所
（Instituto Nacional de Antropologia e Historia 略称 INAH）
利活用 観光
備考 ●銀の道、或は、サンタ・フェへの道としても知られている。
●以下の5件は既登録の世界遺産の一部ないし全部と重複している。
「メキシコシティーの歴史地区とソチミルコ」（1987年登録）の一部。
「ケレタロの歴史的建造物地域」（1996年登録）
「サン・ミゲルの保護都市とアトトニルコのナザレのイエス聖域」（2008年登録）
「古都グアナファトと近隣の鉱山群」（1988年登録）
「サカテカスの歴史地区」（1993年登録）

参考URL **http://whc.unesco.org/en/list/1351**
http://patrimonio-mexico.inah.gob.mx/www/

カミノ・レアルが通っているサン・ルイス・ポトシ歴史地区

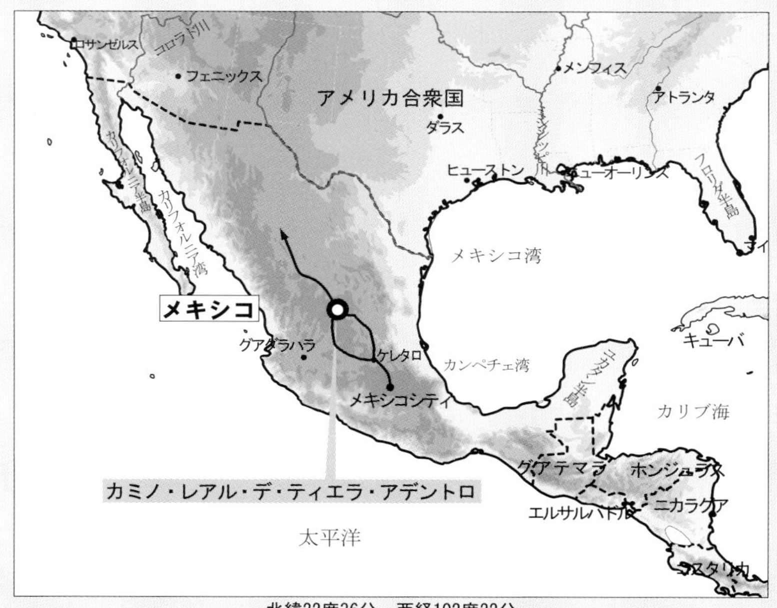

北緯22度36分　西経102度22分

交通アクセス　●サン・ルイス・ポトシへは、メキシコシティから飛行機で1時間15分。

オアハカの中央渓谷のヤグールとミトラの先史時代の洞窟群

登録遺産名　**Prehistoric Caves of Yagul and Mitla in the Central Valley of Oaxaca**

遺産種別　文化遺産

登録基準　(iii) 現存する、または、消滅した文化的伝統、または、文明の、唯一の、または、少なくとも稀な証拠となるもの。

登録年月　2010年 8月（第34回世界遺産委員会ブラジリア会議）

登録遺産の面積　1, 515 ha　バッファー・ゾーン　3, 860 ha

登録物件の概要　オアハカの中央渓谷のヤグールとミトラの先史時代の洞窟群は、メキシコの南部、オアハカの中央部のトラコルラ渓谷の北斜面、オアハカ州のヤグールとミトラにある。ヤグールとミトラの先史時代の洞窟群は、ギラ・ナキツ洞窟、シルビア洞窟、ホワイト洞窟、マルチネス洞窟などからなる。紀元前8000年の先史時代から、少数の遊牧民の狩猟採集民族によって使用された洞窟群と岩窟であり、彼らは、植物、種、木の実、鹿、ウサギ、鳩、亀を食料にしていた。ギラ・ナキツ洞窟は、1964年に発見され、1966年にミシガン大学のチームによって発掘された。スミソニアン研究所国立自然史博物館の調査では、ギラ・ナキツ洞窟とシルビア洞窟で、当時の農業と食料の証しである1500年前の乾燥トウガラシ10種が発見されている。ヤグールとミトラの先史時代の洞窟群の文化的景観は、人間と自然との結びつきをあらわすものであり、北アメリカにおける植物の栽培の起源とメソアメリカ文明の幕開けを告げるものである。

分類　遺跡、文化的景観

物件所在地　オアハカ州トラコル市、ディアス・オスダス市、ミトラ市

構成資産
- ●先史時代の洞窟群
- ●ヤグール遺跡
- ●カバリト・ブランコ遺跡
- ●周辺の農業景観

保護　●文化財保護法（1972年）

管理　●国立人類学・歴史学研究所
（Instituto Nacional de Antropologia e Historia 略称 INAH）

利活用　観光
- ●ミトラ遺跡、ヤグール遺跡　公開　8:00～17:00　入場料 M$ 43
- ●洞窟群は未公開

参考URL　**http://whc.unesco.org/en/list/1352**
http://patrimonio-mexico.inah.gob.mx/www/

メキシコの文化遺産

ヤグール遺跡

北緯16度57分　西経96度25分

交通アクセス
- ミトラ遺跡へは、オアハカからバスで1時間40分。ミトラ村下車、徒歩15分。
- ヤグール遺跡へは、オアハカからミトラ行バスで1時間。遺跡標識下車1.5km。
- オアハカからツアーあり。

テンブレケ神父の水道橋の水利システム

登録遺産名　**Aqueduct of Padre Tembleque Hydraulic System**

遺産種別　**文化遺産**

登録基準
(i) 人類の創造的天才の傑作を表現するもの。
(ii) ある期間を通じて、または、ある文化圏において、建築、技術、記念碑的芸術、町並み計画、景観デザインの発展に関し、人類の価値の重要な交流を示すもの。
(iv) 人類の歴史上重要な時代を例証する、ある形式の建造物、建築物群、技術の集積、または、景観の顕著な例。

登録年月　2015年7月（第39回世界遺産委員会ボン会議）

登録遺産の面積　6, 540 ha　　バッファー・ゾーン　34, 820 ha

登録物件の概要　テンブレケ神父の水道橋の水利システムは、メキシコの中部、メキシコ中央高原のメヒコ州オトゥンバとイダルゴ州センポアラとの間の48. 22kmを水路や橋などで結ぶ水利施設群。テンブレケ神父の水道橋は、長さが904m、最も高い場所で38. 75m、68のアーチを持つ石造アーチ橋で、1554年から1571年に建造され、その名前は、水道橋を建設したスペイン人神父のフランシスコ・デ・テンブレケにちなんでいる。アーチが一段になっているものとしては最も高いと評価されている。「パドレ・テンブレケの水道橋」(パドレは神父の意味)、または、「センポアラの水道橋」とも呼ばれている。古代ローマ時代以来の蓄積があるヨーロッパの水利技術と日干煉瓦の使用など伝統的なメソ・アメリカの建設技術とを融合させた優れた事例である。

分類　遺跡群

物件所在地　メヒコ州 オトゥンバ
イダルゴ州 センポアラ、テペアプルコ

保護　●文化財保護法（1972年）

管理　●国立人類学・歴史学研究所
（Instituto Nacional de Antropologia e Historia 略称 INAH）

利活用　観光

備考　水路に係る遺産としては、当該物件の他には
「ポン・デュ・ガール（ローマ水道）」（フランス　1985年／2007年登録）
「ポントカサステ水路橋と運河」（英国　2009年登録）
がある。

参考URL
http://whc.unesco.org/en/list/1463
http://patrimonio-mexico.inah.gob.mx/www/

テンブレケ神父の水道橋
アーチが1段になっているものとして最も高い。

北緯19度50分　西経98度39分

交通アクセス　●メキシコシティから車で1時間30分。
●テオティワカン遺跡から車で30分。

メキシコの複合遺産

カンペチェ州、カラクムルの古代マヤ都市と熱帯林保護区

2002年文化遺産登録
2014年自然遺産の価値も認められ、複合遺産登録

写真提供：メキシコ観光局 CPTM: Photo／Ricardo Espinosa-reo

カンペチェ州、カラクムルの古代マヤ都市と熱帯林保護区

登録遺産名　**Ancient Maya City and Protected Tropical Forests of Calakmul, Campeche**

遺産種別　**複合遺産**

登録基準
- (i) 人類の創造的天才の傑作を表現するもの。
- (ii) ある期間を通じて、または、ある文化圏において、建築、技術、記念碑的芸術、町並み計画、景観デザインの発展に関し、人類の価値の重要な交流を示すもの。
- (iii) 現存する、または、消滅した文化的伝統、または、文明の、唯一の、または、少なくとも稀な証拠となるもの。
- (iv) 人類の歴史上重要な時代を例証する、ある形式の建造物、建築物群、技術の集積、または、景観の顕著な例。
- (vi) 顕著な普遍的な意義を有する出来事、現存する伝統、思想、信仰、または、芸術的、文学的作品と、直接に、または、明白に関連するもの。
- (ix) 陸上、淡水、沿岸、及び、海洋生態系と動植物群集の進化と発達において、進行しつつある重要な生態学的、生物学的プロセスを示す顕著な見本であるもの。
- (x) 生物多様性の本来的保全にとって、もっとも重要かつ意義深い自然生息地を含んでいるもの。これには、科学上、または、保全上の観点から、すぐれて普遍的価値をもつ絶滅の恐れのある種が存在するものを含む。

登録年月　2002年 6月（第26回世界遺産委員会ブダペスト会議）文化遺産として登録
2014年12月（第38回世界遺産委員会ドーハ会議）
自然遺産としての価値も認められ複合遺産に変更

登録遺産の面積　331, 397ha　　バッファー・ゾーン　391, 788ha

登録遺産の概要　カンペチェ州、カラクムルの古代マヤ都市と熱帯林保護区は、メキシコの南部、カンペチェ州のカラクムル市にある。カラクムルは、ユカタン半島の中南部の熱帯林の奥にある重要な古代マヤ都市の遺跡で、1931年に発見された。カラクムルは、ティカルと並ぶほどの規模の都市で、1200年以上もの間この地域の都市・建築、芸術などの発展に主要な役割を果たした。カラクムルに残されている多くのモニュメントは、都市の政治的、精神的な発展に光明を与えたマヤ芸術の顕著な事例である。カラクムルの都市の構造と配置の保存状態はきわめてよく、古代マヤ文明の時代の首都の生活の様子や文化が鮮明にわかる。また、この物件は、世界三大ホットスポットの一つであるメキシコ中央部からパナマ運河までの全ての亜熱帯と熱帯の生態系システムを含むメソアメリカ生物多様性ホットスポット内にあり、自然遺産の価値も評価された。第38回世界遺産委員会ドーハ会議で、登録範囲を拡大、登録基準、登録遺産名も変更し、複合遺産として再登録した。

分類　遺跡、生態系、生物多様性
生物地理地区　新熱帯区（Neotropic）

物件所在地　メキシコ合衆国／カンペチェ州カラクムル市
保護　カラクムル生物圏保護区（1989年）
管理
●環境自然資源省
（Secretaria de Medio Ambiente y Recursos Naturales　略称 SEMARNAT）
●国家自然保護区委員会
（Comision Nacional de Areas Naturales Protegidas 略称 CONANP）
●国立人類学・歴史学研究所
（Instituto Nacional de Antropologia e Historia 略称 INAH）

利活用　観光
世界遺産を取り巻く脅威や危険
●森林火災　●焼畑農業　●無秩序な開発　●高速道路の建設　●観光圧力

参考URL
http://whc.unesco.org/en/list/1061
http://patrimonio-mexico.inah.gob.mx/www/

カンペチェ州、カラクムルの古代マヤ都市と熱帯林保護区

北緯18度3分10秒　西経89度44分14秒

交通アクセス　●マヤ遺跡観光の拠点、シュプヒルまでは、チェトゥマルから車で約2時間。

メキシコの世界遺産暫定リスト記載物件

テワカン・クイカトラン生物圏保護区
（Tehuacan-Cuicatlan Biosphere Reserve）

写真提供：CONANP

自然遺産関係 5

（1）クアトロシエネガスの動植物保護地域
（Aire de protection de la flore et de la faune Cuatrocienegas）

（2）ロス・ペテネス-リア・セレストゥン（Los Petenes-Ria Celestun）

（3）ユカタン半島のチクシュルーブ・クレーター
（Ring of cenotes of Chicxulub Crater, Yucatan）

（4）テワカン・クイカトラン生物圏保護区　→2017年登録審査予定
（Tehuacan-Cuicatlan Biosphere Reserve）

（5）ヴァリー・シェルジュ（Vallee des Cierges）

複合遺産関係 6

（1）クエツァランとその歴史的、文化的、自然環境
（Cuetzalan and its Historical, Cultural and Natural Surrounding）

（2）ヴェンタ川の時のアーチ（El Arco del Tiempo del Rio La Venta）

（3）オエステの聖セバスチャンの歴史都市
（Historic Town of San Sebastian del Oeste）

（4）聖地ウィリクタへのウィチョル族の道
（Huichol Route through the sacred sites to Huiricuta（Tatehuari Huajuye））

（5）ラカン地方ートゥンとウスマシンタ（Region Lacan-Tun e Usumacinta）

（6）バンコ・チンコロ生物圏保護区（Reserve de la Biosphere Banco Chinchorro）

文化遺産関係 11

（1）チャプルテペックの森、丘陵と城郭（Chapultepec Woods, Hill and Castle）

（2）サンタ プリスカ教区教会とその周辺環境
（Church of Santa Prisca and its Surroundings）

（３）ディエゴ・リベラとフリーダ・カーロの博物館
（Diego Rivera and Frida Kahlo's Home-Study Museum）

（４）チコモストック・ラ・ケマーダの大都市（Great City of Chicomostoc-La Quemada）

（５）アラモスの歴史都市（Historic Town of Alamos）

（６）イサマルの歴史都市
（Historical city of Izamal (Izamal, Mayan continuity in an Historical City)）

（７）シナロア州のコサラの歴史都市
（Historical Town The Royal of the Eleven Thousand Virgins of Cosala in Sinaloa）

（８）シナロア州のラス・ラブラダスの考古学遺跡
（Las Labradas, Sinalao archaeological site）

（９）ヒリトラのラス・ポサス（Las Pozas, Xilitla）

（10）カントナの古代都市（Pre-Hispanic City of Cantona）

（11）テコアク（Tecoaque）

オエステの聖セバスチャンの歴史都市

メキシコの世界無形文化遺産

ボラドーレスの儀式

2009年登録

写真提供：Mexico Tourism Board／Ricardo Espinosa-reo

緊急保護リストへの登録物件

なし

代表リストへの登録物件

❶死者に捧げる土着の祭礼

(The Indigenous Festivity dedicated to the Dead)
死者に捧げる土着の祭礼は、メキシコの原住民とメスティーソの「死者の日」(Dia de los Muertos)の死者を弔う慣習である。これらの祭りは、毎年10月31日から11月2日にかけてのとうもろこしの収穫期に行われる。家族は、きれいに磨き上げた墓場から家の祭壇までの道に、マリーゴールドや菊の花びら、死者を表わすろうそく、死者の好物であったご馳走を供えることによって、死者を暖かく迎え、もてなし、そして霊魂が土にお帰りになるのを手厚くお送りする一連の行事である。この祝日には、砂糖で出来たが骸骨や頭蓋骨を祭壇に飾ったり、家族や友人に贈ったりする。2008年 ← 2003年第2回傑作宣言

❷トリマンのオトミ・チチメカ族の記憶と生きた伝統の場所：聖地ペニャ・デ・ベルナル

(Places of memory and living traditions of the Otomi-Chichimecas people of Toliman:the Pena de Bernal, guadian of a sacred territory)
トリマンのオトミ・チチメカ族の記憶と生きた伝統の場所：聖地ペニャ・デ・ベルナルは、メキシコ中部のケレタロ州の半砂漠地帯の先住民族オトミ・チチメカス族の地元の地形学と生態学の独自の関係を表現する伝統で、巨大な一枚岩の聖地ペニャ・デ・ベルナルでは、様々な伝統行事や神事が行われている。　2009年

❸ボラドーレスの儀式

(Ritual ceremony of the Voladores)
ボラドーレスの儀式は、ベラクルス州の東部、パパントラを発祥とするトトナカ族などの異民族の5人の男性によって演じられる豊穣の神への雨乞いの儀式である。ボラドーレスは、「空を飛ぶ者」の意味で、柱の上まで登り、ロープで回転しながら地上に降りてくる自然世界と精神世界の調和を表現する。　2009年

❹チャパ・デ・コルソの伝統的な1月のパラチコ祭

(Parachicos in the traditional January feast of Chiapa de Corzo)
チャパ・デ・コルソの伝統的な1月のパラチコ祭は、メキシコの南東部、チャパス州のチャパ・デ・コルソで、毎年1月4～23日に行われる伝統的な祭典である。チャパ・デ・コルソは、スペインのチャパスが征服、16世紀初め最初に建設された町である。パラチコ祭は、木製の仮面舞踊、音楽、手芸、美食、宗教的な儀式、祝宴は、三人のカソリックの聖人、聖アンソニー・アボット、エスキプラス、聖セバスチャンに敬意を表して行われる。
2010年

❺プレペチャ族の伝統歌ピレクア（Pirekua, traditional song of the P'urhepecha）
プレペチャ族の伝統歌ピレクアは、メキシコの中西部、ミチョアカン州のパックアロ湖畔のオクミーチョ村などに住む先住民族プレペチャ族の男女によって歌い継がれてきた伝統的な音楽である。一般的に穏やかなリズムで歌われるピレクアは、様々な拍子を使用する非歌唱スタイルで歌われる。歌詞は、歴史的な出来事から宗教、社会・政治思想、恋愛と求愛まで、幅広い範囲をカバーしているが、本来のプレペチャ語で歌える人が数少なくなっている。　2010年

❻伝統的なメキシコ料理- 真正な先祖伝来の進化するコミュニティ文化、ミチョアカンの規範
（Traditional Mexican cuisine - auth（tic, ancestral, ongoing community culture, the Michoacan paradigm）
伝統的なメキシコ料理は、メキシコの中西部、ミチョアカン州などメキシコ国内で見られる真正な先祖伝来の進化するコミュニティ文化である。メキシコ人は、食物を天と地を結ぶ媒介と見なし、料理に関する伝説も多い。トルティーヤやタマレなど伝統的なメキシコ料理は、アステカ族やマヤ族など先住民族の料理を母体とし、コンキスタドール(征服者)によるスペイン料理の影響を受けている。トウモロコシ、インゲンマメ、多様なトウガラシを用いて辛味が効いており、食物の栽培から収穫、調理、食事に至る食物連鎖の全要素からなり、人間の誕生、死、共同体の祭り、労働の終りなどの重要行事の際には食事と関連した儀式が行われる。　2010年

❼マリアッチ、弦楽器音楽、歌、トランペット
（Mariachi, string music, song and trumpet）
マリアッチ、弦楽器音楽、歌、トランペットは、使用楽器は、トランペット、バイオリン、ビウエラ、ギタロンなどで、基本編成は4人以上である。現在はメキシコの各地方に纏わるレパートリー曲を数多く持ち、幅広く聴かれる音楽となっている。マリアッチは、メキシコのお祭りに欠かせないシンボルとなっているが、演奏だけではなく、世襲財産、歴史、先住民族の言語を後世に伝える役割を果たしている。
2011年

ベストプラクティスへの登録物件

⑴タクサガッケト マクカットラワナ：メキシコの先住民族芸術センターとベラクルス州のトトナック族の無形文化遺産保護への貢献
（Xtaxkgakget Makgkaxtlawana: the Centre for Indigenous Arts and its contribution to safeguarding the intangible cultural heritage of the Totonac people of Veracruz, Mexico）
タクサガッケト マクカットラワナ：メキシコの先住民族芸術センターとベラクルス州のトトナック族の無形文化遺産保護への貢献は、メキシコの東部、メキシコ湾岸のベラクルス州のパパントラにある先住民族芸術センター(CAI)によるベラクルス州のトトナック族の無形文化遺産保護への貢献の成功事例である。パパントラは、1992年に世界遺産登録されているエル・タヒン古代都市遺跡の観光拠点として知られ、現在もトトナック族の文化や習慣が残っている。
2012年

マリアッチ、弦楽器音楽、歌、トランペット

準拠　無形文化遺産の保護に関する条約（略称：無形文化遺産保護条約）　2003年

目的　グローバル化により失われつつある多様な文化を守るため、無形文化遺産尊重の意識を向上させ、その保護に関する国際協力を促進する。

登録遺産名　**マリアッチ、弦楽器音楽、歌、トランペット**
Mariachi, string music, song and trumpet

人類の無形文化遺産の代表的なリスト（略称：代表リスト）への登録年月　2011年

登録遺産の概要　マリアッチ、弦楽器音楽、歌、トランペットは、使用楽器は、メキシコの西部、ハリスコ州、ナヤリット州、コリマ州、ミチョアカン州を中心に行われているメキシコを代表する小編成の楽団の様式で、トランペット、バイオリン、ビウエラ、マンドリン、ギタロン、コントラバスなど弦楽器のアンサンブルに金管楽器を加えた編成で、基本編成は4人以上である。現在はメキシコの各地方に纏わるレパートリー曲を数多く持ち、幅広く聴かれる音楽となっている。マリアッチは、メキシコのお祭り、婚礼の席、野外パーティーに欠かせないシンボルとなっているが、演奏だけではなく、世襲財産、歴史、先住民族の言語を後世に伝える役割を果たしている。

分類　伝統音楽

登録基準　下記のR. 1～R. 5までの5つの基準を全て満たしている。

- R. 1　要素は、条約第2条で定義された無形文化遺産を構成すること。
- R. 2　要素の登録は、無形文化遺産の認知と重要性の意識の向上が確保され、世界の文化の多様性を反映し、人類の創造性を示す対話が奨励されること。
- R. 3　要素を保護し促進する保護措置が図られていること。
- R. 4　要素は、関係するコミュニティー、集団、或は、場合によっては、個人の可能な限り幅広い参加、そして、彼らの自由な、事前説明を受けた上での同意をもってノミネートされたものであること。
- R. 5　要素は、条約第11条と第12条で定義された、締約国の領域内にある無形文化遺産の提出目録に含まれていること。

参考URL
http://www.unesco.org/culture/ich/en/RL/mariachi-string-music-song-and-trumpet-00575

マリアッチ楽団の演奏

交通アクセス　●マリアッチは、ハリスコ州、ナヤリット州、コリマ州、ミチョアカン州を中心に広まり、現在はメキシコ全土で演奏されている。

メキシコの世界の記憶

パラフォクシアナ図書館

2005年登録
<所蔵機関>パラフォクシアナ図書館（プエブラ）
1646年創立のメキシコ初の公共図書館
写真提供：Mexico Tourism Board/Ricardo Espinosa-reo

(1) テチャロヤン・デ・クアヒマルパの文書
（Codex Techaloyan de Cuajimalpaz）1997年登録
<所蔵機関>メキシコ国立公文書館（メキシコシティ）

(2) オアハカ渓谷の文書
（Codices from the Oaxaca Valley）1997年登録
<所蔵機関>メキシコ国立公文書館（メキシコシティ）

(3) メキシコ語の発音記号のコレクション
（Collection of Mexican Codices）1997年登録
<所蔵機関>国立人類学博物館（メキシコシティ）

(4) 忘れられた人々
（Los olvidados）2003年登録
<所蔵機関>メキシコ国立自治大学（UNAM）フィルム・アーカイヴ（メキシコシティ）

(5) パラフォクシアナ図書館
（Biblioteca Palafoxiana）2005年登録
<所蔵機関>パラフォクシアナ図書館*（プエブラ）*1646年創立のメキシコ初の公共図書館

(6) アメリカの植民地音楽：豊富な記録の見本
（American Colonial Music: a sample of its documentary richness）
2007年登録
ボリヴィア／コロンビア／メキシコ／ペルー
<所蔵機関>オアハカ管区歴史アーカイヴ（オアハカ）

(7) 先住民族言語のコレクション
（Coleccion de Lenguas Indigenas）2007年登録
<所蔵機関>グアダラハラ大学（グアダラハラ）

(8) メキシコのアシュケナージ（16-20世紀）
（Collection of the Center of Documentation and Investigation of the Ashkenazi Community in Mexico（16th to 20th Century）2009年登録
<所蔵機関>メキシコ・アシュケナージ社会記録調査センター（アカプルコ）

(9) メキシコ国立公文書館所蔵等の『地図・絵画・イラスト』をもとにした16世紀～18世紀の図柄記録
（Sixteenth to eighteenth century pictographs from the "Maps, drawings and illustrations" of the National Archives of Mexico）　2011年登録
<所蔵機関>メキシコ国立公文書館（メキシコシティ）

(10) ヴィスカイナス学院の歴史的アーカイヴの古文書：世界史の中での女性の教育と支援

(Old fonds of the historical archive at Colegio de Vizcainas: women's education and support in the history of the world)

2013年登録

<所蔵機関>ヴィスカイナスの聖イグナチオ・デ・ロヨラ学院の歴史アーカイヴ"ホセ・マリア・バサゴイティ・ノリエガ"（メキシコシティ）

(11) 権利の誕生に関する裁判記録集：1948年の世界人権宣言（UDHR）に対するメキシコの保護請求状の貢献による効果的救済

(Judicial files concerning the birth of a right: the effective remedy as a contribution of the Mexican writ of amparo to the Universal Declaration of Human Rights（UDHR）of 1948.)

2015年登録

<所蔵機関>メキシコ最高裁判所（メキシコシティ）

(12) フレイ・ベルナルディーノ・デ・サアグン（1499～1590年）の作品

(The work of Fray Bernardino de Sahagun (1499-1590))

2015年登録　メキシコ／イタリア

<所蔵機関>マドリッド王立図書館（スペイン／マドリッド）
ロレンツォ・メディチ図書館（イタリア／フィレンツェ）

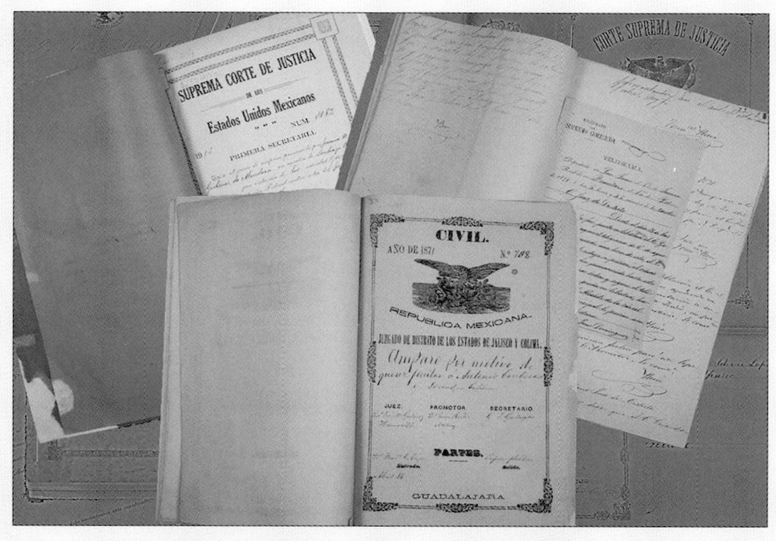

権利の誕生に関する裁判記録集：1948年の世界人権宣言（UDHR）に対する
メキシコの保護請求状の貢献による効果的救済

2015年登録
<所蔵機関>メキシコ最高裁判所（メキシコシティ）
写真提供：メキシコ最高裁判所

メキシコの世界の記憶

忘れられた人々

準拠　メモリー・オブ・ザ・ワールド・プログラム（略称：MOW）　1992年

目的　人類の歴史的な文書や記録など、忘却してはならない貴重な記録遺産を登録し、最新のデジタル技術などで保存し、広く公開する。

登録遺産名　**忘れられた人々**
Los　olvidados

世界記憶遺産リストへの登録年月　2003年

登録遺産の概要　「忘れられた人々」は、スペイン系メキシコ人の映画監督、ルイス・ブニュエル（1900～1983年）による映画作品で、現在は、メキシコ・シティにあるメキシコ国立自治大学（UNAM）のフィルム・アーカイヴに所蔵されている。ブニュエルはスペインで生まれ、学生時代にサルバドール・ダリ（1904～1989年）と知り合い、次第にシュールレアリズム（超現実主義）に傾倒していった。ダリと共同で制作した短編「アンダルシアの犬」で映画デビューした後、「黄金時代」などの作品を発表したが、権力と結びつく教会を批判したため、スペインから追放され、ハリウッドを経てメキシコに移り住んだ。「忘れられた人々」は、1950年に制作され、翌年の第4回カンヌ国際映画祭に出品、ブニュエルは監督賞を受賞した。

主人公はメキシコ・シティのスラム街に住む少年で、貧困の中でも健気に生きていたが、悪の道にズルズルと引き込まれ、もがきながらやがて破滅していく姿が描かれている。この強烈な映像は、単なる不良少年たちの悪行の物語としてではなく、近代化していくメキシコ社会の中で埋もれがちの、ありのままの現実を抉り、「悪いのは、少年たちでなく社会なのだ」というメッセージを世の中に訴えた作品である。公開以来、多くの本が書かれ、世界中の聴衆に大きなインパクトを与え続けている作品であることから、2003年に世界の記憶に登録された。尚、所蔵されているメキシコ国立自治大学は、2007年に世界遺産に登録されている。

分類　視聴覚類　映画

選定基準
○真正性（Authenticity）、複写、模写、偽造品ではない
○独自性と非代替性（Unique and Irreplaceable）
○年代、場所、人物、題材・テーマ、形式・様式
○希少性（Rarity）
○完全性（integrity）
○脅威（Threat）
○管理計画（Management Plan）

所蔵機関　メキシコ国立自治大学（UNAM）フィルム・アーカイヴ

参考URL　**http://www.unesco.org/new/en/communication-and-information/memory-of-the-world/register/full-list-of-registered-heritage/registered-heritage-page-5/los-olvidados/**

忘れられた人々のポスター

フィルム・アーカイヴのあるメキシコ国立自治大学(UNAM)

交通アクセス　●メトロバス1号線のドクトル・ガルベス(Dr.Gálvez)駅から徒歩15分。

メキシコの世界の記憶

索　引

メキシコシティの国立人類学博物館にて
（Museo Nacional de Antropologia 略称 MNA）

○自然遺産
●文化遺産
◎複合遺産
⊙世界遺産暫定リスト記載物件
回世界無形文化遺産（代表リスト）
▣世界無形文化遺産（ベスト・プラクティス）
◇世界の記憶

＜資料・写真提供　敬称略＞

メキシコ観光局、Mexico Tourism Board／Ms.Laure Cruz, Ricardo Espinosa-reo, Government of the State of Mexico (Estado de Mexico), Comision Nacional de Areas Naturales Protegidas／CONANP, Martha xucunostli, メキシコ最高裁判所、メキシコ国立自治大学(UNAM)フィルム・アーカイヴ、チャパス州観光局、アメリカ海洋大気庁、世界遺産総合研究所、古田陽久

〈著者プロフィール〉

古田 陽久（ふるた・はるひさ FURUTA Haruhisa）世界遺産総合研究所 所長
1951年広島県生まれ。1974年慶応義塾大学経済学部卒業、1990年シンクタンクせとうち総合研究機構を設立。アジアにおける世界遺産研究の先覚・先駆者の一人で、「世界遺産学」を提唱し、1998年世界遺産総合研究所を設置、所長兼務。世界遺産委員会や無形文化遺産委員会などにオブザーバー・ステータスで参加、各地での世界遺産講座、クルーズ船「にっぽん丸」での船内講演など、その活動を全国的、国際的に展開している。これまでに約60か国、約300の世界遺産地を訪問している。現在、広島市佐伯区在住。

【専門分野】 世界遺産制度論、世界遺産論、自然遺産論、文化遺産論、危機遺産論、地域遺産論、日本の世界遺産、世界無形文化遺産、世界の記憶、世界遺産と教育、世界遺産と観光、世界遺産とまちづくり

【著書】「世界の記憶遺産60」(幻冬舎)、「世界遺産ガイドーユネスコ遺産の基礎知識ー」、「世界遺産データ・ブック」、「世界無形文化遺産データ・ブック」、「世界記憶遺産データ・ブックー2015～2016年版ー」、「誇れる郷土データ・ブック」など多数。

【執筆】 日本政策金融公庫調査月報「連載『データで見るお国柄』」(2011年4月号～2012年3月号)、「世界遺産を活用した地域振興ー『世界遺産基準』の地域づくり・まちづくりー」(月刊「地方議会人」2011年9月号)、中日新聞・東京新聞サンデー版「大図解危機遺産」(2009年8月23日朝刊)、「現代用語の基礎知識2009」(自由国民社) 世の中ペディア「世界遺産」など多数。

【テレビ出演歴】 TBSテレビ「ひるおび」、「NEWS23」、「Nスタニュース」、テレビ朝日「モーニングバード」、「やじうまテレビ」、「ANNスーパーJチャンネル」、日本テレビ「スッキリ!!」、フジテレビ「めざましテレビ」、「スーパーニュース」、「とくダネ!」など多数。

古田 真美（ふるた・まみ FURUTA Mami）世界遺産総合研究所 事務局長
1954年広島県呉市生まれ。1977年青山学院大学文学部史学科卒業。
1990年からシンクタンクせとうち総合研究機構事務局長。1998年から世界遺産総合研究所事務局長兼務。広島県景観審議会委員、NHK視聴者会議委員、広島県放置艇対策あり方検討会委員などを歴任。これまでに約40か国、約200の世界遺産地を訪問している。

【専門分野】 世界遺産入門、日本の世界遺産、世界の記憶

【著書】「世界の記憶遺産60」(幻冬舎)、「世界遺産ガイドーユネスコ遺産の基礎知識ー」、「世界遺産入門ー平和と安全な社会の構築ー」、「世界遺産入門ー過去から未来へのメッセージー」、「世界遺産データ・ブック」、「世界遺産事典」、「世界遺産ガイド」シリーズ、「誇れる郷土データ・ブックー地方の創生と再生ー2015年版」、「誇れる郷土ガイド」シリーズなど多数。

【ホームページ】「世界遺産と総合学習の杜」http://www.wheritage.net/

世界遺産ガイド ーメキシコ編ー

2016年（平成28年）8月 25日 初版 第1刷

著　　者　古田陽久　古田真美
企画・編集　世界遺産総合研究所
発　　行　シンクタンクせとうち総合研究機構 ©
〒731-5113
広島市佐伯区美鈴が丘緑三丁目4番3号
TEL＆FAX 082-926-2306
郵便振替 01340-0-30375
電子メール wheritage@tiara.ocn.ne.jp
インターネット http://www.wheritage.net
出版社コード 86200

Complied and Printed in Japan, 2016 ISBN978-4-86200-202-0 C1526 Y2500E

発行図書のご案内

世界遺産シリーズ

世界遺産データ・ブック 2017年版 新刊	978-4-86200-204-4 本体 2600円 2016年9月発行
最新のユネスコ世界遺産1052物件の全物件名と登録基準、位置を掲載。ユネスコ世界遺産の概要も充実。世界遺産学習の上での必携の書。	
世界遺産事典-1052全物件プロフィール- 2017改訂版 新刊	978-4-86200-205-1 本体 2778円 2016年9月発行 世界遺産1052物件の全物件プロフィールを収録。 2017改訂版
世界遺産キーワード事典 2009改訂版	978-4-86200-133-7 本体 2000円 2008年9月発行 世界遺産に関連する用語の紹介と解説
世界遺産マップス -地図で見るユネスコの世界遺産- 2017改訂版 近刊	978-4-86200-206-8 本体 2600円予定 2016年10月発行予定 世界遺産1052物件の位置を地域別・国別に整理
世界遺産ガイド-世界遺産条約採択40周年特集-	978-4-86200-172-6 本体 2381円 2012年11月発行 世界遺産の40年の歴史を特集し、持続可能な発展を考える。
世界遺産フォトス -写真で見るユネスコの世界遺産-	4-916208-22-6 本体 1905円 1999年8月発行
第2集-多様な世界遺産-	4-916208-50-1 本体 2000円 2002年1月発行
第3集-海外と日本の至宝100の記憶- 世界遺産の多様性を写真資料で学ぶ。	978-4-86200-148-1 本体 2381円 2010年1月発行
世界遺産入門-平和と安全な社会の構築-	978-4-86200-191-7 本体 2500円 2015年5月発行 世界遺産を通じて「平和」と「安全」な社会の大切さを学ぶ
世界遺産学入門-もっと知りたい世界遺産-	4-916208-52-8 本体 2000円 2002年2月発行 新しい学問としての「世界遺産学」の入門書
世界遺産学のすすめ-世界遺産が地域を拓く-	4-86200-100-9 本体 2000円 2005年4月発行 普遍的価値を顕す世界遺産が、閉塞した地域を拓く
世界遺産概論＜上巻＞＜下巻＞ 世界遺産の基礎的事項をわかりやすく解説	上巻 978-4-86200-116-0 2007年1月発行 下巻 978-4-86200-117-7 本体 各 2000円
世界遺産ガイド-ユネスコ遺産の基礎知識-	978-4-86200-184-9 本体 2500円 2014年3月発行 混同するユネスコ三大遺産の違いを明らかにする
世界遺産ガイド-世界遺産条約編-	4-916208-34-X 本体 2000円 2000年7月発行 世界遺産条約を特集し、条約の趣旨や目的などポイントを解説
世界遺産ガイド -世界遺産条約とオペレーショナル・ガイドラインズ編-	978-4-86200-128-3 本体 2000円 2007年12月発行 世界遺産条約とその履行の為の作業指針について特集する
世界遺産ガイド-世界遺産の基礎知識編- 2009改訂版	978-4-86200-132-0 本体 2000円 2008年10月発行 世界遺産の基礎知識をQ&A形式で解説
世界遺産ガイド-図表で見るユネスコの世界遺産編-	4-916208-89-7 本体 2000円 2004年12月発行 世界遺産をあらゆる角度からグラフ、図表、地図などで読む
世界遺産ガイド-情報所在源編-	4-916208-84-6 本体 2000円 2004年1月発行 世界遺産に関連する情報所在源を各国別、物件別に整理
世界遺産ガイド-自然遺産編- 2016改訂版 新刊	978-4-86200-198-6 本体 2500円 2016年3月発行 ユネスコ自然遺産の全容を紹介
世界遺産ガイド-文化遺産編- 2016改訂版 新刊	978-4-86200-175-7 本体 2500円 2016年3月発行 ユネスコ文化遺産の全容を紹介
世界遺産ガイド-文化遺産編- 1. 遺跡	4-916208-32-3 本体 2000円 2000年8月発行
2. 建造物	4-916208-33-1 本体 2000円 2000年9月発行
3. モニュメント	4-916208-35-8 本体 2000円 2000年10月発行
4. 文化的景観	4-916208-53-6 本体 2000円 2002年1月発行
世界遺産ガイド-複合遺産編- 2016改訂版 新刊	978-4-86200-200-6 本体 2500円 2016年3月発行 ユネスコ複合遺産の全容を紹介
世界遺産ガイド-危機遺産編- 2016改訂版 新刊	978-4-86200-197-9 本体 2500円 2015年12月発行 危機にさらされている世界遺産を特集
世界遺産ガイド-文化の道編- 近刊	978-4-86200-207-5 本体 2500円予定 2016年12月発行予定 世界遺産に登録されている「文化の道」を特集
世界遺産ガイド-文化的景観編-	978-4-86200-150-4 本体 2381円 2010年4月発行 文化的景観のカテゴリーに属する世界遺産を特集
世界遺産ガイド-複数国にまたがる世界遺産編-	978-4-86200-151-1 本体 2381円 2010年6月発行 複数国にまたがる世界遺産を特集

世界遺産ガイド－日本編－ 2017改訂版 新刊	978-4-86200-203-7 本体 2778円 2016年8月発行 日本にある世界遺産、暫定リストを特集
日本の世界遺産 －東日本編－ －西日本編－	978-4-86200-130-6 本体 2000円 2008年2月発行 978-4-86200-131-3 本体 2000円 2008年2月発行
世界遺産ガイド－日本の世界遺産登録運動－	4-86200-108-4 本体 2000円 2005年12月発行 暫定リスト記載物件はじめ世界遺産登録運動の動きを特集
世界遺産ガイド－世界遺産登録をめざす富士山編－	978-4-86200-153-5 本体 2381円 2010年11月発行 富士山を世界遺産登録する意味と意義を考える
世界遺産ガイド－北東アジア編－	4-916208-87-0 本体 2000円 2004年3月発行 北東アジアにある世界遺産を特集、国の概要も紹介
世界遺産ガイド－朝鮮半島にある世界遺産－	4-86200-102-5 本体 2000円 2005年7月発行 朝鮮半島にある世界遺産、暫定リスト、無形文化遺産を特集
世界遺産ガイド－中国・韓国編－	4-916208-55-2 本体 2000円 2002年3月発行 中国と韓国にある世界遺産を特集、国の概要も紹介
世界遺産ガイド－中国編－ 2010改訂版	978-4-86200-139-9 本体 2381円 2009年10月発行 中国にある世界遺産、暫定リストを特集
世界遺産ガイド－東南アジア編－	978-4-86200-149-8 本体 2381円 2010年5月発行 東南アジアにある世界遺産、暫定リストを特集
世界遺産ガイド－オセアニア編－	4-916208-70-6 本体 2000円 2003年5月発行 オセアニアにある世界遺産を特集、周辺の国々も紹介
世界遺産ガイド－オーストラリア編－	4-86200-115-7 本体 2000円 2006年5月発行 オーストラリアにある世界遺産を特集、国の概要も紹介
世界遺産ガイド－中央アジアと周辺諸国編－	4-916208-63-3 本体 2000円 2002年8月発行 中央アジアと周辺諸国にある世界遺産を特集
世界遺産ガイド－中東編－	4-916208-30-7 本体 2000円 2000年7月発行 中東にある世界遺産を特集
世界遺産ガイド－知られざるエジプト編－	978-4-86200-152-8 本体 2381円 2010年6月発行 エジプトにある世界遺産、暫定リスト等を特集
世界遺産ガイド－アフリカ編－	4-916208-27-7 本体 2000円 2000年3月発行 アフリカにある世界遺産を特集
世界遺産ガイド－西欧編－	4-916208-29-3 本体 2000円 2000年4月発行 西欧にある世界遺産を特集
世界遺産ガイド－イタリア編－	4-86200-109-2 本体 2000円 2006年1月発行 イタリアにある世界遺産、暫定リストを特集
世界遺産ガイド－スペイン・ポルトガル編－	978-4-86200-158-0 本体 2381円 2011年1月発行 スペインとポルトガルにある世界遺産を特集
世界遺産ガイド－英国・アイルランド編－	978-4-86200-159-7 本体 2381円 2011年3月発行 英国とアイルランドにある世界遺産等を特集
世界遺産ガイド－フランス編－	978-4-86200-160-3 本体 2381円 2011年5月発行 フランスにある世界遺産、暫定リストを特集
世界遺産ガイド－ドイツ編－	4-86200-101-7 本体 2000円 2005年6月発行 ドイツにある世界遺産、暫定リストを特集
世界遺産ガイド－ロシア編－	978-4-86200-166-5 本体 2381円 2012年4月発行 ロシアにある世界遺産等を特集
世界遺産ガイド－北欧・東欧・CIS編－	4-916208-28-5 本体 2000円 2000年4月発行 北欧・東欧・CISにある世界遺産を特集
世界遺産ガイド－メキシコ編－ 新刊	978-4-86200-202-0 本体 2500円 2016年8月発行 メキシコにある世界遺産等を特集
世界遺産ガイド－北米編－	4-916208-80-3 本体 2000円 2004年2月発行 北米にある主な世界遺産を特集
世界遺産ガイド－中米編－	4-916208-81-1 本体 2000円 2004年2月発行 中米にある主な世界遺産を特集
世界遺産ガイド－南米編－	4-916208-76-5 本体 2000円 2003年9月発行 南米にある主な世界遺産を特集

世界遺産ガイド－地形・地質編－	978-4-86200-185-6 本体 2500円 2014年5月発行 世界自然遺産のうち、代表的な「地形・地質」を紹介
世界遺産ガイド－生態系編－	978-4-86200-186-3 本体 2500円 2014年5月発行 世界自然遺産のうち、代表的な「生態系」を紹介
世界遺産ガイド－自然景観編－	4-916208-86-2 本体 2000円 2004年3月発行 世界自然遺産のうち、代表的な「自然景観」を紹介
世界遺産ガイド－生物多様性編－	4-916208-83-8 本体 2000円 2004年1月発行 世界自然遺産のうち、代表的な「生物多様性」を紹介
世界遺産ガイド－自然保護区編－	4-916208-73-0 本体 2000円 2003年5月発行 自然遺産のうち、自然保護区のカテゴリーにあたる物件を特集
世界遺産ガイド－国立公園編－	4-916208-58-7 本体 2000円 2002年5月発行 ユネスコ世界遺産のうち、代表的な国立公園を特集
世界遺産ガイド－名勝・景勝地編－	4-916208-41-2 本体 2000円 2001年3月発行 ユネスコ世界遺産のうち、代表的な名勝・景勝地を特集
世界遺産ガイド－歴史都市編－	4-916208-64-1 本体 2000円 2002年9月発行 ユネスコ世界遺産のうち、代表的な歴史都市を特集
世界遺産ガイド－都市・建築編－	4-916208-39-0 本体 2000円 2001年2月発行 ユネスコ世界遺産のうち、代表的な都市・建築を特集
世界遺産ガイド－産業・技術編－	4-916208-40-4 本体 2000円 2001年3月発行 ユネスコ世界遺産のうち、産業・技術関連遺産を特集
世界遺産ガイド－産業遺産編－保存と活用	4-86200-103-3 本体 2000円 2005年4月発行 ユネスコ世界遺産のうち、各産業分野の遺産を特集
世界遺産ガイド－19世紀と20世紀の世界遺産編－	4-916208-56-0 本体 2000円 2002年7月発行 激動の19世紀、20世紀を代表する世界遺産を特集
世界遺産ガイド－宗教建築物編－	4-916208-72-2 本体 2000円 2003年6月発行 ユネスコ世界遺産のうち、代表的な宗教建築物を特集
世界遺産ガイド－イスラム諸国編－	4-916208-71-4 本体 2000円 2003年7月発行 イスラム諸国の主要なユネスコ世界遺産を特集
世界遺産ガイド－歴史的人物ゆかりの世界遺産編－	4-916208-57-9 本体 2000円 2002年9月発行 歴史的人物にゆかりの深いユネスコ世界遺産を特集
世界遺産ガイド－人類の負の遺産と復興の遺産編－	978-4-86200-173-3 本体 2000円 2013年2月発行 世界遺産から人類の負の遺産と復興の遺産を学ぶ
世界遺産ガイド－暫定リスト記載物件編－	978-4-86200-138-2 本体 2000円 2009年5月発行 世界遺産暫定リストに記載されている物件を一覧する
世界遺産ガイド －特集　第29回世界遺産委員会ダーバン会議－	4-86200-105-X 本体 2000円 2005年9月発行 2005年新登録24物件と登録拡大、危機遺産などの情報を満載
世界遺産ガイド －特集　第28回世界遺産委員会蘇州会議－	4-916208-95-1 本体 2000円 2004年8月発行 2004年新登録34物件と登録拡大、危機遺産などの情報を満載

世界の文化シリーズ

世界遺産の無形版といえる「世界無形文化遺産」についての希少な書籍

世界無形文化遺産データ・ブック　新刊　2016年版	978-4-86200-201-3 本体 2778円 2016年3月発行 世界無形文化遺産の仕組みや登録されているものの概要を明らかにする。
世界無形文化遺産ガイド －無形文化遺産保護条約編－	4-916208-91-9 本体 2000円 2004年6月発行 ユネスコの無形文化遺産保護条約を特集。

世界の記憶シリーズ

ユネスコの世界の記憶プログラムの全体像を明らかにする日本初の書籍

世界記憶遺産データ・ブック　新刊　2015～2016年版	978-4-86200-196-2 本体 2778円 2015年12月発行 ユネスコ三大遺産事業の一つ「世界の記憶」の仕組みや348件の世界の記憶など、プログラムの全体像を明らかにする日本初のデータ・ブック。

ふるさとシリーズ

誇れる郷土データ・ブック ―地方の創生と再生―2015年版		978-4-86200-192-4 本体2500円 2015年5月発行 国や地域の創生や再生につながるシーズを都道府県別に整理。
誇れる郷土ガイド	―自然公園法と文化財保護法―	978-4-86200-129-0 本体2000円 2008年2月発行 自然公園法と文化財保護法について紹介する。
誇れる郷土ガイド	―東日本編―	4-916208-24-2 本体1905円 1999年12月発行 東日本にある都道県の各々の特色、特性など項目別に整理
	―西日本編―	4-916208-25-0 本体1905円 2000年1月発行 西日本にある府県の各々の特色、特性など項目別に整理
誇れる郷土ガイド	―北海道・東北編―	4-916208-42-0 本体2000円 2001年5月発行 北海道・東北地方の特色・魅力・データを道県別にコンパクトに整理
	―関東編―	4-916208-48-X 本体2000円 2001年11月発行 関東地方の特色・魅力・データを道県別にコンパクトに整理
	―中部編―	4-916208-61-7 本体2000円 2002年10月発行 中部地方の特色・魅力・データを道県別にコンパクトに整理
	―近畿編―	4-916208-46-3 本体2000円 2001年10月発行 近畿地方の特色・魅力・データを道県別にコンパクトに整理
	―中国・四国編―	4-916208-65-X 本体2000円 2002年12月発行 中国・四国地方の特色・魅力・データを道県別にコンパクトに整理
	―九州・沖縄編―	4-916208-62-5 本体2000円 2002年11月発行 九州・沖縄地方の特色・魅力・データを道県別にコンパクトに整理
誇れる郷土ガイド	―口承・無形遺産編―	4-916208-44-7 本体2000円 2001年6月発行 各都道府県別に、口承・無形遺産の名称を整理収録
誇れる郷土ガイド	―全国の世界遺産登録運動の動き―	4-916208-69-2 本体2000円 2003年1月発行 暫定リスト記載物件はじめ全国の世界遺産登録運動の動きを特集
誇れる郷土ガイド	―全国47都道府県の観光データ編― 2010改訂版	978-4-86200-123-8 本体2381円 2009年12月発行 各都道府県別の観光データ等の要点を整理
誇れる郷土ガイド	―全国47都道府県の誇れる景観編―	4-916208-78-1 本体2000円 2003年10月発行 わが国の美しい自然環境や文化的な景観を都道府県別に整理
誇れる郷土ガイド	―全国47都道府県の国際交流・協力編―	4-916208-85-4 本体2000円 2004年4月発行 わが国の国際交流・協力の状況を都道府県別に整理
誇れる郷土ガイド	―日本の国立公園編―	4-916208-94-3 本体2000円 2005年2月発行 日本にある国立公園を取り上げ、概要を紹介
誇れる郷土ガイド	―日本の伝統的建造物群保存地区編―	4-916208-99-4 本体2000円 2005年1月発行 日本の重要伝統的建造物群保存地区を特集
誇れる郷土ガイド	―市町村合併編―	978-4-86200-118-4 本体2000円 2007年2月発行 平成の大合併により変化した市町村の姿を都道府県別に整理
日本ふるさと百科	―データで見るわたしたちの郷土―	4-916208-11-0 本体1429円 1997年12月発行 事物・統計・地域戦略などのデータを各都道府県別に整理
環日本海エリア・ガイド		4-916208-31-5 本体2000円 2000年6月発行 環日本海エリアに位置する国々や日本の地方自治体を取り上げる

シンクタンクせとうち総合研究機構

事務局　〒731-5113　広島市佐伯区美鈴が丘緑三丁目４番３号

書籍のご注文専用ファックス　082-926-2306　電子メールwheritage@tiara.ocn.ne.jp